EUL VERLAG

EINZELSCHRIFTEN

Gregor Schulte

Unternehmensübergreifende Produktionsplanung – Koordination in Unternehmensnetzwerken mit Hilfe variabler Optimierungszentren

Lohmar – Köln 2009 • 224 S. • € 55,- (D) • ISBN 978-3-89936-849-9

Andreas Menneken

Ein Vertriebskonzept für Drahterzeugnisse am französischen Markt

Lohmar – Köln 2009 • 156 S. • € 47,- (D) • ISBN 978-3-89936-851-2

Susanne Böing

Grundlagen zur Geschlechts- und Genderproblematik in Unternehmen

Lohmar – Köln 2009 • 460 S. • € 69,- (D) • ISBN 978-3-89936-854-3

Diana Nolte

Hedge-Fonds im Portfolio von Privatinvestoren – Konsequenzen für die Anlageberatung

Lohmar – Köln 2009 • 304 S. • € 59,- (D) • ISBN 978-3-89936-857-4

Peter Klausmann, Claus Wetzel und Bertram Anderer

Personenzählung für kundenorientiertes Shop-Controlling

Lohmar – Köln 2009 • 104 S. • € 39,- (D) • ISBN 978-3-89936-861-1

Nils Horch

Management Control of Global Supply Chains

Lohmar – Köln 2009 • 400 S. • € 66,- (D) • ISBN 978-3-89936-865-9

Monique Dorsch

Werthaltungen und umweltorientiertes Handeln bei der Verkehrsmittelwahl – Von der Erklärungs- zur Gestaltungsperspektive

Lohmar – Köln 2009 • 308 S. • € 59,- (D) • ISBN 978-3-89936-871-0

Zahlja Steiff

Risikomanagement in der Logistik von Unternehmensnetzwerken – Eine Analyse der Übertragbarkeit der Mindestanforderungen an das Risikomanagement von Kreditinstituten

Lohmar – Köln 2009 • 252 S. • € 57,- (D) • ISBN 978-3-89936-874-1

JOSEF EUL VERLAG

Dr. Zahlja Steiff

Risikomanagement in der Logistik von Unternehmensnetzwerken

Eine Analyse der Übertragbarkeit der Mindestanforderungen an das Risikomanagement von Kreditinstituten

EUL VERLAG

Bibliografische Information der Deutschen Nationalbibliothek

Die Deutsche Nationalbibliothek verzeichnet diese Publikation in der Deutschen Nationalbibliografie; detaillierte bibliografische Daten sind im Internet über <http://dnb.d-nb.de> abrufbar.

Dissertation, Universität Kassel, 2009, unter dem Titel: Risikomanagement in der Logistik – Analyse der Übertragbarkeit der Mindestanforderungen an das Risikomanagement (MaRisk) von Kreditinstituten auf die Logistik in Unternehmensnetzwerken
Fachbereich Wirtschaftswissenschaften
Disputation am 25. November 2009

ISBN 978-3-89936-874-1
1. Auflage Dezember 2009

JOSEF EUL VERLAG GmbH
Brandsberg 6
53797 Lohmar
Tel.: 0 22 05 / 90 10 6-6
Fax: 0 22 05 / 90 10 6-88
E-Mail: info@eul-verlag.de
http://www.eul-verlag.de

Bei der Herstellung unserer Bücher möchten wir die Umwelt schonen. Dieses Buch ist daher auf säurefreiem, 100% chlorfrei gebleichtem, alterungsbeständigem Papier nach DIN 6738 gedruckt.

Für Insa, Aik und Julian

Vorwort

Die vorliegende Arbeit entstand im Rahmen meiner externen Promotion im Fachgebiet Produktionswirtschaft und Logistik an der Universität Kassel. Ihre Fertigstellung wäre ohne die tatkräftige und moralische Unterstützung einer Vielzahl von Personen nicht denkbar gewesen.

Mein Dank gilt zunächst meinem akademischen Lehrer Herrn Prof. Dr. Richard Vahrenkamp, der mir an seinem Lehrstuhl die optimalen Rahmenbedingungen zur Erstellung dieser Arbeit bot. Darüber hinaus danke ich ihm für die stets vertrauensvolle und sehr gute Zusammenarbeit. Weiterhin möchte ich mich bei allen Mitarbeitern des Lehrstuhls von Prof. Dr. Vahrenkamp bedanken. Herrn Prof. Dr. Rainer Stöttner danke ich herzlich für die Übernahme des Zweitgutachtens.

Ein großer Dank gebührt auch meinen Freunden und Bekannten, die mich in den vergangenen Jahren begleitet haben. Zu nennen sind hier insbesondere Frau Prof. Dr. Margret Borchert, Herr Dr. Stefan Borchert, Frau Simone Ahlert, Herr Dr. Martin Ahlert, Frau Bärbel Denninghoff, Herr Dirk Denninghoff, Frau Nicola Nakhosteen-Schäper, Herr Thomas Schäper, Frau Reinhild Witte, Frau Sonja Bürger und Frau Leonie Lohkamp.

Danken möchte ich auch meinen lieben Eltern Margret und Iradj Zarinfar, die mich jederzeit unterstützt haben und mir so meinen beruflichen Werdegang erst ermöglicht haben. Auch meinen lieben Schwiegereltern, Ingrid und Prof. Dr. Artur Steiff danke ich für die Unterstützung in den nunmehr 16 Jahren, die wir miteinander verbringen durften. Ein besonderer Dank gilt meinem Schwiegervater für das Korrekturlesen der Arbeit. Sowohl meine Eltern als auch meine Schwiegereltern haben mich immer wieder ermutigt, auch schwierige Phasen zu überstehen.

Schließlich gilt mein ganz besonderer Dank meinen beiden geliebten Kindern Insa Katharina und Aik Oliver sowie meinem lieben Ehemann Dr. Julian Steiff.

Ohne Ihre vollkommene Unterstützung und Liebe sowie ihren zeitlichen Verzicht auf die Mutter und Ehefrau wäre diese Arbeit nie zustande gekommen. Sie alle drei gaben mir täglich die Kraft, weiter zu machen. Sie haben einen entscheidenden Anteil am erfolgreichen Abschluss meines Promotionsprojektes. Wesentlich geprägt wurde die Arbeit in zahlreichen inspirierenden Diskussionen mit Dir, lieber Julian, als kritischem Sparringspartner. Du hast mir, trotz eigener umfangreicher Arbeitsbelastung, immer wieder die notwendige Motivation gegeben, die Arbeit zu vollenden. Der von Dir und unseren geliebten Kindern gegebene Rückhalt hat mir die Kraft verliehen, mein Promotionsprojekt zu vollenden.

Euch allein ist daher diese Arbeit gewidmet.

Zahlja Steiff

Senden, im Dezember 2009

Inhaltsverzeichnis

Abbildungsverzeichnis

Tabellenverzeichnis

Abkürzungsverzeichnis

Abb.	Abbildung
Abs.	Absatz
AG	Aktiengesellschaft
AktG	Aktiengesetz
Aufl.	Auflage
Bd.	Band
bspw.	beispielsweise
bzw.	beziehungsweise
ca.	circa
d.h.	das heißt
et al.	et alii
etc.	et cetera
evtl.	eventuell
f.	folgende
ff.	fortfolgende
ggf.	gegebenenfalls
Hrsg.	Herausgeber
i.d.R.	in der Regel
inkl.	inklusive

i.S.	im Sinne
i.e.S.	im engeren Sinne
i.w.S.	im weiteren Sinne
insb.	insbesondere
Jg.	Jahrgang
k.A.	keine Angabe
Kap.	Kapitel
KonTraG	Gesetz zur Kontrolle und Transparenz im Unternehmensbereich
KWG	Kreditwesengesetz
MaRisk	Mindestanforderungen an das Risikomanagement
Nr.	Nummer
S.	Seite
sog.	so genannte
Sp.	Spalte
Tab.	Tabelle
u.a.	unter anderem
u.U.	unter Umständen
usw.	und so weiter
vgl.	vergleiche
vs.	versus

z.B.	zum Beispiel
z.T.	zum Teil
zz.	zurzeit

1 Einleitung und Gang der Untersuchung

1.1 Ausgangssituation

Die Rahmenbedingungen für unternehmerische Aktivitäten haben sich in den letzten Jahren erheblich gewandelt. Allein die zunehmende Verflechtung der Weltwirtschaft und der intensivierte Eintritt in das Informationszeitalter fordern ein stärker risikoorientiertes Management, höhere Transparenz sowie die wertorientierte Steuerung des Unternehmens. Das setzt ein konsequentes Chancen- und Risikomanagement voraus.[1] Dennoch zeigt sich in unterschiedlichen Veröffentlichungen und Befragungen, dass die Einrichtung und die Ausgestaltung von Risikomanagementsystemen in der Praxis von Unternehmen und Unternehmensnetzwerken noch unterentwickelt sind, obwohl viele Unternehmen das Thema Risikomanagement für wichtig und notwendig erachten.[2] Ein Grund für die bisher wenig vorhandenen bzw. nicht angemessen implementierten Risikomanagementsysteme liegt darin, dass es bisher keine konkreten Vorgaben zu der Ausgestaltung eines angemessenen und wirksamen Risikomanagementsystems gibt.[3] Lediglich für Kreditinstitute gibt es gesetzlich festgelegte Anforderungen an ein angemessenes und wirksames Risikomanagementsystem, auf die im Folgenden in dieser Arbeit ausführlich eingegangen wird.

Deregulierung und Globalisierung haben zu einer radikalen Veränderung des ökonomischen Umfeldes für Unternehmen und Unternehmensnetzwerke[4] geführt. Die stetig steigende Dynamik und Komplexität der Umwelt schränkt die Prognostizierbarkeit der zukünftigen Entwicklungen ein. Das Handeln von Un-

---

1 Vgl. Reichmann 2006, S. 599; Wittmann 2000a, S. 793.

2 Vgl. Lück 2004b, S. 20; Romeike 2005, S. 246f.; Grandjot 2006, S. 29; Wagner/Bode 2007, S. 70; Kersten et al. 2006, S. 11, Kersten/Hohrath/Winter 2008, S. 14; Thom 2008, S. 107. Bisher liegt allerdings der Fokus auf dem Risikomanagement in Unternehmen und weniger in Unternehmensnetzwerken bzw. im unternehmensübergreifenden Risikomanagement, worin ein großer Nachholbedarf gesehen wird. Dies ergibt sich auch aus einer aktuellen Studie von Kersten/Hohrath/Winter 2008, S. 15.

3 Vgl. Kersten et al. 2006, S. 12.

4 Vgl. zu Unternehmensnetzwerken Kapitel 2.1.

ternehmen ist aufgrund dieser Unsicherheiten unweigerlich mit Risiken verbunden, wobei sich dieser Trend auch in Zukunft fortsetzen wird.[5] Für einzelne Unternehmen sowie für Unternehmensnetzwerke wird deshalb die Art und Weise, wie sie mit Risiken umgehen, so wichtig wie das, was sie herstellen oder leisten.[6]

Auch die staatlichen Institutionen und Aufsichtsbehörden haben die Bedeutung des Risikomanagements für die Zukunft erkannt und mit gesetzlichen Regelungen zum Risikomanagement reagiert.[7] Die Implementierung eines Risikomanagementsystems ist allerdings nicht nur aufgrund der gesetzlichen Vorschriften, sondern auch aufgrund der skizzierten ökonomischen Entwicklungen für eine risikoorientierte Unternehmensführung von zentraler Bedeutung.

Durch das Inkrafttreten des Gesetzes zur Kontrolle und Transparenz im Unternehmensbereich (KonTraG) am 01. Mai 1998 wurde die Einrichtung eines Risikomanagementsystems zumindest für Aktiengesellschaften erstmals von gesetzlicher Seite verpflichtend vorgeschrieben. Bereits in der Begründung führt der Gesetzgeber jedoch aus, dass von einer Ausstrahlungswirkung auch auf Unternehmen mit anderen Rechtsformen, z.B. GmbH, auszugehen ist.[8] Verstärkt wenden sich nun auch mittelständische Unternehmen, Verbände und öffentliche Einrichtungen dem Thema zu.

Risikomanagement bietet aber weit mehr Chancen als das von KonTraG geforderte (Früh-)Erkennen bestandsgefährdender Risiken: erst ein systematisches Management aller wesentlichen Risiken ermöglicht eine wert- und erfolgsorien-

---

[5] Vgl. Vahrenkamp 2007a, S. 2; Pfohl 2008 S. 1; Eberle 2005, S. 171.

[6] Das Risikomanagement ist in der wissenschaftlichen Literatur ein etabliertes und erforschtes Themenfeld. Vgl. z.B. Jüttner 2003, S. 777; Vahrenkamp/Siepermann 2007; Kersten/Blecker 2006; Pfohl 2008. In zunehmendem Maße wird, bedingt durch die verschiedenen Krisen in der (Welt-)Wirtschaft, von der Praxis auch verstärkt die wissenschaftliche Auseinandersetzung mit dem Risikomanagement in der Logistik und dem Risikomanagement in Unternehmensnetzwerken bzw. Supply Chains gefordert. Vgl. Johnson 2001; Kajüter 2003, S. 322ff.; Paulsson 2004 und Klinkner/Straube 2006.

[7] Eine ausführliche Darstellung der gesetzlichen Anforderungen zum Risikomanagement von Kreditinstituten erfolgt in Kapitel 3.

[8] Vgl. Krystek 1999, S. 146.

tierte Unternehmenssteuerung. Daher ist es naheliegend, die „Pflicht" des KonTraG – bei vertretbarem Mehraufwand – mit der „Kür" eines (wertorientierten) „Strategischen Risikomanagements" zu verbinden. Die Fähigkeit Risiken mit Hilfe eines Risikomanagementsystems zu händeln, wird somit zu einem strategischen Erfolgsfaktor für die Unternehmensführung.[9]

Kreditinstitute haben diesen Zusammenhang sehr früh verstanden und können deswegen in diesem Bereich als „Vorreiter" angesehen werden. Bei ihnen bildete sich schon 1974 ein internationales Komitee (Baseler Ausschuss für Bankenaufsicht[10]), das als internationaler „Rule Setter" versucht, einheitliche und international anerkannte Spielregeln zur Risikosteuerung bei Kreditinstituten aufzustellen[11], da deren Funktionsfähigkeit als Finanzintermediäre die notwendige Bedingung für die hoch spezialisierten arbeitsteiligen Austauschbeziehungen in und zwischen modernen Volkswirtschaften bilden. So werden Waren und Dienstleistungen in und zwischen Volkswirtschaften fast immer nur mit Hilfe von Geld als Zwischentauschmittel gehandelt.[12] Hierfür ist das Vertrauen in die Stabilität des Bankensektors von entscheidender Bedeutung. Besondere Relevanz kommt dabei der Solvenz von Banken zu.[13]

---

9 Vgl. Hofmann/Bühler 2004, S. 161.

10 Aufgrund der internationalen Verzahnung der Wirtschaftssysteme ist die Erhaltung der Funktionsfähigkeit der Kreditinstitute somit ein länderübergreifendes Ziel, wie auch an den Mitgliedern des Baseler Ausschusses für Bankenaufsicht ersichtlich wird. Mitglieder in dem Ausschuss sind: Schweiz, USA, Kanada, Japan, Deutschland, Frankreich, England, Italien, Spanien, Niederlande, Belgien, Luxemburg, Schweden. Vgl. Basel II 2006.

11 Vgl. Kapitel 1.2 und Kapitel 3.

12 Der Zwischentausch über Geldsurrogate (Schecks, Wechsel etc.) basiert auf der in Geld als Verrechnungseinheit bewerteten Währung und wird somit nicht gesondert betrachtet. Der Tausch Ware gegen Ware ist für die vorliegende Aufgabenstellung von untergeordneter Bedeutung.

13 Der Finanzdienstleistungssektor zeichnet sich dadurch aus, dass er besonders vertrauensempfindlich ist und ein schwindendes Vertrauen in seine Funktionsfähigkeit langfristig nachhaltige negative Folgen für eine Volkswirtschaft haben kann. Festgemacht wird dies an einem befürchteten „Bankenrun" auf alle Finanzinstitute, der einsetzt, wenn ein Institut zahlungsunfähig wird. Aus dieser bedeutenden Rolle des Finanzsektors für die Volkswirtschaft und seiner Vertrauensanfälligkeit heraus, gibt es daher für Finanzinstitute besondere Regularien, um deren Insolvenz und damit eine Instabilität des Finanzsektors zu verhindern. Vgl. Neus 2000, S. 7.

Der Waren- und Dienstleistungstausch über ein Zwischentauschmittel funktioniert aber nur solange, wie die beteiligten Menschen:

- der Wertbeständigkeit des Zwischentauschmittels und damit untrennbar verbunden
- den mit dem Zwischentauschmittel als Intermediär direkt beauftragten Instituten vertrauen.

Trotz der Bemühungen und Erfolge einheitliche und international anerkannte Spielregeln zur Risikosteuerung zu definieren, wurde das Vertrauen in die Kreditinstitute im Jahr 2008 durch die (internationale) Finanzkrise[14] stark getrübt. Dies lag jedoch nicht primär an den Risikomanagementsystemen der Kreditinstitute, sondern an dem Risikofaktor Mensch.[15]

Analog zu Kreditinstituten bildet eine funktionsfähige Logistik (als Teil der modernen Industriegesellschaft und Managementaufgabe in jedem Handels- und Industrieunternehmen[16]) (in und) zwischen Unternehmen ebenfalls eine notwendige Bedingung für hoch spezialisierte arbeitsteilige Volkswirtschaften, da grundsätzlich alle (arbeitsteilig) hergestellten und gehandelten Produkte[17] transportiert, gesammelt, gelagert und verteilt werden müssen.[18] Zwar sind die einzelnen Logistikprozesse in und zwischen den Unternehmen nicht immer so eng miteinander verzahnt wie der internationale Geldkreislauf[19], aber Störungen durch eingetretene Risiken können auch hier zu unerwünschten Reibungsverlusten führen.

Auf einem abstrakten Niveau verglichen, ähneln sich die Grundanforderungen an Geld- und Warenflüsse, da für beide die klassischen 8 „R's" (der Logistik)

---

14 Welche u.a. durch die spekulativen Handlungen von Kreditinstituten, allen voran der Hypo Real Estate, sowie im Kern durch die US-Hypothekenkrise ausgelöst worden ist.

15 Vgl. zum Risikofaktor Mensch auch Romeike 2006.

16 Vgl. Koether 2008, S. 36.

17 Sowie die zur Produktion notwendigen Rohstoffe und entsprechenden Zwischen- und Abfallprodukte.

18 Vgl. Vahrenkamp 2007a, S. 2-8.

19 Insbesondere durch das an sie gebundene Vertrauen.

gelten[20]: So muss beim Tausch von Waren grundsätzlich die richtige Menge der richtigen Güter, zur richtigen Zeit, in der richtigen Qualität, zu den richtigen Kosten, mit dem richtigen Service, am richtigen Ort und mit der richtigen Information für alle Beteiligten zur Verfügung stehen.[21]

Ebenso muss beim Geldaustausch (als Zwischentauschmittel für Waren oder Dienstleistungen) grundsätzlich der richtige Betrag (Menge) der richtigen Währung (Güter), zur richtigen Zeit, in der richtigen Qualität (z.B. Unversehrtheit der Geldscheine), zu den richtigen Kosten (z.B. Überweisungskosten), mit dem richtigen Service, am richtigen Ort und mit der richtigen Information (z.B. Angabe des Empfängers und des Absenders) für alle Beteiligten bereit gestellt werden.

Zusammenfassend lässt sich festhalten, dass der (elektronische oder physische) Tausch von Geld als Zwischentauschmittel für Waren und Dienstleistungen abstrakt betrachtet nichts anderes als ein **Spezialfall der Logistik** ist.

Somit liegt die Frage nahe, ob die gesetzlichen Vorgaben zum Risikomanagement von Kreditinstituten grundsätzlich eine Vorbildfunktion für die Ausgestaltung eines Risikomanagementsystems für die Logistik in und zwischen Unternehmensnetzwerken darstellen können. Dieser Frage soll im Folgenden in dieser Arbeit nachgegangen werden.

1.2 Problemstellung und Zielsetzung der Arbeit

Der zuvor erwähnte Baseler Ausschuss für Bankenaufsicht verabschiedete am 25.06.2004 die neuen „Spielregeln“ (kurz Basel II), die insbesondere das Risiko

---

20 Manche Autoren sprechen von sechs oder sieben, andere von acht R’s der Logistik. Vgl. Plowman 1964; Ehrmann 2003; Jetzke 2007; Koether 2008. In dieser Arbeit werden 8 R’s der Logistik betrachtet.

21 Zilkens 2006, S. 31.

der Geschäftstätigkeit von international agierenden Kreditinstituten minimieren sollen und dabei Operationelle Risiken[22] gesondert berücksichtigen.

Diese Anforderungen sind von den Mitgliedern des Baseler Komitees (wie auch der Bundesrepublik Deutschland) in ihre jeweiligen nationalen Rechte umgesetzt worden und seit Anfang 2007 in Kraft getreten. Die Umsetzung der Basel II-Vorschriften in deutsches Recht erfolgte dabei durch Änderungen des Kreditwesengesetzes (KWG) und durch die neu erstellten „Mindestanforderungen an das Risikomanagement" (MaRisk)[23] sowie der Solvabilitätsverordnung (SolvVo).[24]

Die Anforderungen zur Ausgestaltung des Risikomanagements von Kreditinstituten werden dabei insbesondere durch den § 25a Abs.1 KWG definiert, der durch die MaRisk konkretisiert wird. Kreditinstitute müssen demnach über ein **angemessenes** und **wirksames** Risikomanagement (i.w.S. und i.e.S.) verfügen. Ein Risikomanagement hat primär nicht die Aufgabe der Risikovermeidung, sondern die Aufgabe der systematischen **Überwachung** und **Steuerung** von Unternehmensrisiken, um diese frühzeitig zu erkennen und somit bedrohlichen Entwicklungen rechtzeitig entgegen steuern zu können. Das Ziel eines

---

22 Nach der Definition des Baseler Ausschusses ist ein Operationelles Risiko „... die Gefahr von mittelbaren oder unmittelbaren Verlusten, die infolge der Unangemessenheit oder des Versagens von internen Verfahren, Menschen und Systemen oder von externen Ereignissen eintreten." Basel II 2006, S. 144, Tz. 644. Diese Definition schließt Rechtsrisiken ein, nicht jedoch strategische Risiken oder Reputationsrisiken. Rechtsrisiken sind Risiken, die aus vertraglichen Vereinbarungen oder rechtlichen Rahmenbedingungen sowie deren Änderungen (geänderte Rechtsprechung oder Gesetzesänderung) resultieren. Vgl. Basel II 2006, S. 144, Tz. 644. Der Ausschuss weißt darauf hin, dass der Begriff „Operationelles Risiko" innerhalb des Bankensektors unterschiedliche Bedeutungen hat und dass Kreditinstitute deshalb für interne Zwecke eigene Definitionen des Operationellen Risikos verwenden. Wichtig ist, dass die Definition das gesamte Spektrum nennenswerter Operationeller Risiken für das jeweilige Kreditinstitut berücksichtigt und die wichtigsten Ursachen großer operationeller Verluste erfasst. Vgl. Basel II 2003, S. 2.

23 Die MaRisk wurden entwickelt, um dazu beizutragen, Missständen im Kredit- und Finanzdienstleistungswesen entgegenzuwirken, welche die Sicherheit der den Instituten anvertrauten Vermögenswerte gefährden, die ordnungsgemäße Durchführung der Bankgeschäfte oder Finanzdienstleistungen beeinträchtigen oder erhebliche Nachteile für die Gesamtwirtschaft herbeiführen können. BaFin 2007a, AT 2.1, S. 4.

24 Die Darstellung des KWG und der SolvVo ist nicht Gegenstand dieser Arbeit, weswegen an dieser Stelle auf das entsprechende Gesetz bzw. die entsprechende Verordnung verwiesen wird. Vgl. KWG 2008 und SolvVo 2008.

Risikomanagements ist es, das Erreichen der Unternehmensziele und den Fortbestand des Unternehmens langfristig zu sichern.[25]

Wenn man davon ausgeht, dass der (elektronische oder physische) Tausch von Geld (als Zwischentauschmittel für Waren und Dienstleistungen) ein **Spezialfall der Logistik** ist[26], dann liegt die Frage nahe, ob (und wenn ja wie) die gesetzlichen Regelungen zum Risikomanagement von Kreditinstituten auf die Logistikprozesse in arbeitsteilig organisierten Volkswirtschaften, die in der heutigen Zeit immer mehr aus Unternehmensnetzwerken bestehen, auf diese Netzwerke übertragbar sind.

Dieser Fragestellung wurde bisher in der wissenschaftlichen Literatur keine Bedeutung geschenkt. Es gibt zwar diverse Konzepte, wie z.B. das 2-Stufen Modell von Kersten et al.[27], das erste Ansätze für ein unternehmensübergreifendes Risikomanagementsystem zeigt. Dieser Ansatz geht in seinen Grundzügen in eine ähnliche Richtung wie das Risikomanagementsystem von Kreditinstituten, jedoch sind die gesetzlichen Vorgaben für das Risikomanagement von Kreditinstituten viel ausgereifter und eindeutiger.

Ausgehend von den zunehmenden Forderungen nach Risikomanagementsystemen[28] und der vorhandenen Forschungslücke in diesem Bereich, soll demnach vor dem Hintergrund der immensen Bedeutung einer funktionsfähigen Logistik in und zwischen Unternehmensnetzwerken das **Ziel der Arbeit** sein, ein funktionsübergreifendes Gestaltungskonzept zum Risikomanagement für die Logistik in Unternehmensnetzwerken zu entwickeln.[29] Die **Basis** hierfür **bilden die nachfolgenden zwei Forschungsfragen**:

---

25 Vgl. Haller 1986, S. 21; siehe auch Wolf/Runzheimer 2000, S. 25 und Hofmann/Bühler 2004, S. 16.

26 Vgl. Kapitel 1.1.

27 Vgl. Kersten et al. 2006, insb. S. 12ff.

28 Vgl. Fußnote 6.

29 Das Themenfeld des Risikomanagements in der Logistik ist ein sehr junges Untersuchungsfeld, zu dem nur wenige wissenschaftliche Beiträge und ein bisher nicht ausgereifter Wissenstand existieren. Das Problem bei den bisherigen Arbeiten ist, dass sie sich auf ein-

1. Die Untersuchung soll zum einen klären, wie ein Risikomanagementsystem grundsätzlich (branchen- und funktionsunabhängig) aufgebaut und instrumentell ausgestaltet sein sollte, um alle Logistik-Risiken und Störungspotenziale in einem Unternehmensnetzwerk geeignet abzudecken. Untersuchungsobjekte sind fokal geführte Unternehmensnetzwerke. Dazu soll die Übertragbarkeit der gesetzlichen Anforderungen zum Risikomanagement von Kreditinstituten auf die Logistik in und zwischen Unternehmensnetzwerken analysiert werden. In diesem Zusammenhang soll auch dargestellt werden, welche Risiken in der Logistik von Unternehmensnetzwerken vorherrschen und welche Maßnahmen zu deren Handhabung ergriffen werden können.

2. Ferner soll die Untersuchung klären, nach welchen Anhaltspunkten interne Analysten (wie z.B. Mitarbeiter der Internen Revision) und externe Analysten (wie z.B. Wirtschaftsprüfer oder Analysten von Versicherungen) suchen müssen, um die Eignung eines Logistik-Risikomanagementsystems beurteilen zu können.

Im Fokus der Untersuchung sollen dabei alle von einem Unternehmensnetzwerk selbsterstellten und ausgelagerten Logistikleistungen und -prozesse aus den Bereichen Beschaffung, Produktion, Distribution und Entsorgung stehen. Im Einzelnen sollen der Untersuchung **folgende Leitfragen** zugrunde liegen, die in den folgenden Kapiteln beantwortet werden:

1. Wodurch sind die (logistischen) Beziehungen der Netzwerkpartner in Unternehmensnetzwerken grundsätzlich charakterisiert?
2. Welche Logistik-Risiken bestehen in Unternehmensnetzwerken? Wie und warum entstehen und bestehen diese Risiken?
3. Welche Anforderungen an den Aufbau eines Logistik-Risikomanagementsystems für Unternehmensnetzwerke lassen sich daraus ableiten?

---

zelne Unternehmen oder Funktionsbereiche fokussieren und die Auswirkungen auf die Wertschöpfungskette in Unternehmensnetzwerken vernachlässigen. Vgl. Jüttner 2003, S. 777; Kaluza/Dullnig 2004, S. 486; Grandjot 2006, S. 19; Kersten et al. 2006, S. 3.

4. Sind die gesetzlichen Anforderungen zum Risikomanagement von Kreditinstituten grundsätzlich auf die Logistikprozesse in Unternehmensnetzwerken übertragbar?
5. Welche grundsätzliche Eignung besitzen einzelne Module (z.B. Risikotragfähigkeitsrechnung oder Internes Kontrollsystem), um ein Logistik-Risikomanagementsystem in einem Unternehmensnetzwerk zu unterstützen?

1.3 Aufbau der Arbeit

Zur Bearbeitung soll die nachfolgende Vorgehensweise eingeschlagen werden:

In **Kapitel 2** sollen einleitend Unternehmensnetzwerke als Untersuchungsobjekt vorgestellt werden, um die Beziehungen der Netzwerkpartner zueinander zu charakterisieren. Ferner werden der Begriff der Logistik erläutert und die verschiedenen Funktionsbereiche der Logistik dargestellt und diskutiert. In diesem Zusammenhang wird auch auf das Outsourcing logistischer Leistungen eingegangen. Den theoretischen Bezugsrahmen für diese Arbeit bildet die Konzeption der Transaktionskostentheorie. Um allerdings die in der Literatur bemängelten zu engen und begrenzten Verhaltensannahmen der Transaktionskostentheorie bezüglich der Motivationsstruktur der Akteure zu beheben und somit weitere Determinanten für das Verhalten der Netzwerkpartner zu suchen, wird anschließend die Netzwerkpartner-Beziehung in Unternehmensnetzwerken mit Hilfe der Anreiz-Beitrags-Theorie einer verhaltenswissenschaftlichen Analyse unterzogen.

In **Kapitel 3** sollen die wesentlichen rechtlichen Rahmenbedingungen und Anforderungen an das Risikomanagement von Kreditinstituten, die sich aus Basel II und den MaRisk ergeben, sowie deren Funktionsweise für Kreditinstitute vorgestellt und diskutiert werden. Anschließend werden die vom Gesetzgeber definierten Ziele und der daraus resultierende Nutzen eines Risikomanagementsystems diskutiert. Abschließend werden der Prozess und die Organisation des Risikomanagements von Kreditinstituten erörtert und ausgewählte Module des Risikomanagements von Kreditinstituten kurz vorgestellt.

In **Kapitel 4** soll aufbauend auf den erzielten Ergebnissen der vorherigen Kapitel analysiert werden, ob und wie die bestehenden gesetzlichen Anforderungen zum Risikomanagement von Kreditinstituten auf die Logistik in und zwischen Unternehmensnetzwerken übertragbar sind. Hierzu wird zunächst untersucht, welche Logistik-Risiken in Unternehmensnetzwerken vorherrschen. Aus dem Ergebnis der institutionenökonomischen und verhaltenswissenschaftlichen Betrachtung (vgl. Kapitel 2) sollen dann entsprechende Anforderungen an den Aufbau und die Funktionsweise von Risikomanagementsystemen für die Logistik in Unternehmensnetzwerken abgeleitet werden.

Kapitel 5 befasst sich mit der empirischen Untersuchung zum Stand des Risikomanagements in der Praxis.

In **Kapitel 6** wird, ausgehend von den in Kapitel 4 abgeleiteten Anforderungen, die Eignung verschiedener Module (wie z.B. Risikotragfähigkeitsrechnung oder Internes Kontrollsystem etc.) hinsichtlich ihrer jeweiligen Verwendungsmöglichkeit für ein Logistik-Risikomanagementsystem diskutiert. Anschließend sollen, basierend auf den Ergebnissen der Eignung der verschiedenen Module, Empfehlungen für den Aufbau eines modularen Logistik-Risikomanagementsystems für Netzwerke gegeben werden.

In **Kapitel 7** sollen abschließend die wesentlichen Ergebnisse der Untersuchung zusammengefasst und Schlussfolgerungen für die praktische Anwendung gezogen werden.

2 Charakterisierung von Unternehmensnetzwerken

2.1 Begriff und Eigenschaften von Unternehmensnetzwerken

Für die Existenz eines Unternehmens in einem zunehmend dynamischen und zugleich komplexen Umfeld reicht die alleinige Durchführung interner Organisationsmaßnahmen heutzutage nicht mehr aus. Selbst Großunternehmen verfügen teilweise nicht über genügend Ressourcen, um immer anspruchsvollere Kunden mit qualitativ hochwertigen, preislich attraktiven Produkten und Dienstleistungen in kürzester Zeit zu bedienen. Ein Alleingang in diesem „Wettlauf um Märkte und Technologien“[30] kommt für die meisten Unternehmen nicht in Frage. Immer mehr Unternehmen gehen daher kooperative Beziehungen mit einem oder mehreren Unternehmen ein. Sie gestalten die Zusammenarbeit mit ihrem Partnerunternehmen in Form von **Unternehmensnetzwerken**.

Netzwerke lassen sich als hybride bzw. intermediäre Koordinationsform in einem Kontinuum zwischen Markt und Hierarchie einordnen.[31] Unternehmen können mit der Bildung von Netzwerken einerseits eine **proaktive** oder andererseits eine **reaktive Strategie** verfolgen, wenn z.B. Fusion oder internes Wachstum ausscheiden. Eine proaktive Strategie wird häufig zur Sicherung der Marktposition, zum Aufbau von Markteintrittsbarrieren oder der Verringerung von Erschließungskosten und -risiken verfolgt. Netzwerke können aber auch als **reaktives Strategieinstrument** bei alternden und stagnierenden Märkten gebildet werden. Dies ist z.B. häufig bei fehlenden Ressourcen, notwendigen Investitionen und/oder Rationalisierungsdruck der Fall.

Kaum ein Konzept hat in der Managementlehre und -praxis in den letzten Jahren soviel Aufsehen erregt wie das des Unternehmensnetzwerkes. Netzwerkarrangements nehmen in der heutigen Wirtschaftswelt neben hierarchischen oder

---

30 Doz/Hamel 1998, S. 6.

31 Vgl. Siebert 1991, S. 293 und Sydow 1992, S. 104. Andere Autoren sehen Netzwerke als eigenständige Koordinationsform oder als die natürliche Organisationsform, während Markt und Hierarchie lediglich zwei Ausprägungsformen darstellen. Vgl. z.B. Powell 1990, S. 299f.

rein marktlichen Koordinationsformen einen breiten Raum ein. Sie finden sich in allen Bereichen des täglichen Lebens in Form von sozialen Netzwerken, von Informations- und Kommunikationsnetzwerken oder von organisatorischen Netzwerken. Letztere werden dabei häufig als ideale Organisationsform für ökonomische Aktivitäten in einer dynamischen und komplexer werdenden Umwelt interpretiert.[32] Das Nutzenpotenzial[33] von Unternehmensnetzwerken liegt dabei nahe: Arbeitsteilung, Erhöhung der strategischen Flexibilität, Risikoteilung sowie Kosteneinsparungen. Diese Auflistung ist noch nicht vollständig, sie bildet jedoch wesentliche Vorteile dieser Kooperationsform[34] ab.[35]

Unternehmensnetzwerke sind komplexe Gebilde, weshalb der Versuch einer **Definition** immer nur „Wesentlichkeiten" aber nie das „Wesen" des Unternehmensnetzwerkes selbst vollständig erklären und erfassen kann. Das, was unter dem Begriff ‚Netzwerk' diskutiert wird, ist höchst heterogen und teilweise unscharf definiert. Je nach Betrachtungsweise werden dem Begriff Netzwerk unterschiedliche Bedeutungen zugewiesen. Im Bereich der Soziologie beziehen sich Netzwerke traditionell auf Systeme zwischenmenschlicher Beziehungen. In der Betriebswirtschaftslehre kann ein Netzwerk allgemein als Reihe miteinander verknüpfter Knoten angesehen werden. Die Akteure (die im Netzwerk handeln-

---

32 Vgl. Riggers 1998, S. 88f.; Powell/Smith-Doerr 1994, S. 368ff.

33 Zum Begriff des Nutzenpotenzials vgl. Pümpin 1992, S. 19ff.

34 Unter einer Kooperation versteht man den freiwilligen Zusammenschluss zweier oder mehrerer rechtlich und größtenteils wirtschaftlich selbstständiger Unternehmen. Diese Kooperationsverbindungen können sowohl negative (Abhängigkeiten) als auch positive (Synergieeffekte) Auswirkungen haben. Vgl. Picot et al. 2003, S. 291f. Durch die Bildung von Kooperationen wird versucht, Kernkompetenzen anderer Unternehmen zu nutzen, um fehlende Ressourcen qualitativ hochwertig in die eigenen Prozesse zu integrieren. Vgl. Prahalad/Hamel 1990. Eine **horizontale** Kooperation als ein zielgerichtetes und gemeinsames Handeln von zwei oder mehr Unternehmen stellt eine Koordination von Aktivitäten dar, die langfristig ausgerichtet und auf ein gemeinsames Ziel fokussiert ist, wobei mehrere gleichgerichtete als auch entgegengerichtete Ziele existieren können. Vgl. Vahrenkamp 2007a, S. 16f. Horizontale Kooperationen können auf der gleichen Stufe in der Logistikkette erfolgen. Diese Kooperation verbindet dann Wettbewerb. Es gibt verschiedene Formen der Koordination: Sie kann mit einer Übertragung bzw. Neuverteilung der Teilaufgaben auf einen Partner (Konzentration), auf eine gemeinsame Einrichtung (Kooperationsbetrieb), auf vertragsgebundene Franchise-Unternehmen oder auf Dritte (Logistikdienstleister) einhergehen. Eine **vertikale Kooperation** bezieht sich hingegen auf Fragen der Schnittstellenoptimierung zwischen zwei Unternehmen auf Folgestufen in der Logistikkette. Vgl. ebenda.

35 Vgl. zu einer ausführlichen Darstellung Abschnitt 2.1.2.

den Unternehmen) stellen die Knoten von Netzwerken dar, die über horizontal und vertikal ausgerichtete (Leistungs-)Beziehungen zwischen den Akteuren miteinander verbunden sind.[36] Ein solches multilaterales Gefüge mehrerer, rechtlich selbstständiger Unternehmen wird in der Organisations- und Netzwerktheorie weitgehend synonym mit den Begriffen **„interorganisatorisches Netzwerk“**[37], „strategisches Netzwerk“[38] oder „Unternehmungsnetzwerk“[39] bezeichnet. **Interorganisatorische Netzwerke**[40] kennzeichnen sich dadurch, dass rechtlich und (zumindest vor der Kooperation) wirtschaftlich selbstständige Unternehmen koordiniert in einem Kooperationsnetzwerk zusammenarbeiten.[41] Bei dieser Art der Kooperation bleibt die rechtliche Selbstständigkeit erhalten, lediglich die wirtschaftliche Selbstständigkeit wird eingeschränkt.[42] Die Kooperation kann sich auf den gesamten Prozess der Beschaffung, Produktion, Distribution und Entsorgung von Produkten (und Dienstleistungen) erstrecken. Es ist jedoch auch möglich, dass sie sich nur auf eine oder wenige Funktionen bezieht, so dass die kooperierenden Unternehmen im Hinblick auf andere Funktionsbereiche weiterhin zueinander im Wettbewerb stehen. Dieses Spannungsfeld von kooperativen und kompetitiven Elementen wird häufig auch als „coopetition“[43] oder „Koopkurrenz“[44] bezeichnet.[45] Das Ziel ist in beiden Fällen, entweder Synergieeffekte zu erreichen oder eine Marktposition einzunehmen, die

---

36 Castells 2001, S. 431.

37 Vgl. Jarillo 1988, S. 32, S. 38.

38 Vgl. ebenda.

39 Sydow 1992, S. 79.

40 Solche interorganisationalen Netzwerke können insbesondere zwei Ziele verfolgen: durch ihre Konfigurationsformen Transaktionen möglichst kostengünstig durchführen (Effizienz) und durch Austausch von Ressourcen einen möglichst hohen Nutzen beim Kunden stiften (Effektivität).

41 Vgl. Schulte-Zurhausen 2005, S. 286.

42 Vahrenkamp 2007a, S. 16.

43 Brandenburger/Nalebuff 1996.

44 Reiß 2000, S. 139.

45 Vgl. Borchert 2001, S. 73.

ohne Kooperation aufgrund fehlender Ressourcen nicht möglich gewesen wäre.[46]

Als Gegenpol zu interorganisatorischen Netzwerken beziehen sich **intraorganisatorische Netzwerke** auf die Beziehungen zwischen mehreren Mitgliedern bzw. organisatorischen Einheiten innerhalb eines Konzerns.[47] Bei der Konzernbildung kommt es zum Verlust der rechtlichen wie auch der wirtschaftlichen Selbstständigkeit.[48] In intraorganisationalen Netzwerken stehen die Mitglieder in intensiven sowohl horizontalen als auch vertikalen Beziehungen zueinander.[49]

Unternehmensnetzwerke stellen allgemein nach Sydow „eine auf die Realisierung von Wettbewerbsvorteilen zielende Organisationsform ökonomischer Aktivitäten zwischen Markt und Hierarchie dar, die sich durch komplex-reziproke[50], eher kooperative denn kompetitive und relativ stabile Beziehungen zwischen rechtlich selbständigen, wirtschaftlich jedoch zumeist abhängigen Unternehmen auszeichnet."[51] Sydow grenzt mit seiner Definition von Unternehmensnetzwerken allerdings Beziehungen innerhalb von Unternehmen und auch Unternehmensverbünden wie z.B. Konzernen grundsätzlich aus. Diese Grenzziehung erweist sich allerdings als schwierig, da die Frage der wirtschaftlichen und rechtlichen Selbstständigkeit nicht immer befriedigend beantwortet werden kann. So verdeutlicht die Definitionsmodifikation von Mildenberger diesen Deutungsspielraum, wenn er in der Definition von Sydow den letzten Teil „...rechtlich selbständigen, wirtschaftlich..." durch „...weitgehend autono-

---

46 Vgl. Schulte-Zurhausen 2005, S. 286.

47 Ein wesentliches Kennzeichen eines Konzerns ist die Zusammenfassung von mehreren verbundenen Unternehmen unter einer einheitlichen Leitung, welche somit eine wirtschaftliche Einheit bilden. Vgl. Schulte-Zurhausen 2005, S. 279, S. 286.

48 Vgl. Vahrenkamp 2007a, S. 16.

49 Vgl. Schulte-Zurhausen 2005, S. 279.

50 Zahlreiche aufeinander bezogene Akteure bilden eine Einheit wechselseitiger Beziehungen. Reziprozität beschreibt den Interessenausgleich von Partnern. Dieser muss nicht bei jeder Transaktion gegeben sein, sondern kann sich über einen längeren Zeitraum einstellen. Vgl. Fleisch 2001, S. 9.

51 Sydow 1992, S. 79 und 82.

men Unternehmen oder organisatorischen Teileinheiten von Unternehmen..."[52] ersetzt. Daraus ergibt sich auch ein Abgrenzungsproblem zwischen inter- und intraorganisationalen Netzwerken, denn verschiedene Unternehmen mit einer internen Netzwerkorganisationsstruktur (intraorganisatorisches Netzwerk) können zum Beispiel mit anderen solchen Unternehmen in einem interorganisatorischen Netzwerk so eng kooperieren, dass dieses interorganisatorisches Netzwerk selbst als Organisation und folglich interorganisatorisches Netzwerk betrachtet werden kann.[53]

Aufgrund der Tatsache, dass die Unterscheidung zwischen inter- und intraorganisationalen Netzwerken nicht immer trennscharf und teilweise willkürlich ist, sowie aus Komplexitätsgründen, wird in dieser Arbeit **keine Unterscheidung zwischen inter- und intraorganisatorischen Netzwerken gemacht** und der Definitionsmodifikation von Mildenberger gefolgt, die auch Beziehungen innerhalb von Unternehmen mit einbezieht.

Somit wird im Folgenden unter einem **Unternehmensnetzwerk** „eine auf die Realisierung von Wettbewerbsvorteilen zielende Organisationsform ökonomischer Aktivitäten zwischen Markt und Hierarchie verstanden, die sich durch komplex-reziproke, eher kooperative denn kompetitive und relativ stabile Beziehungen zwischen weitgehend autonomen Unternehmen oder organisatorischen Teileinheiten von Unternehmen auszeichnet."[54]

Risiken in Unternehmensnetzwerken können auf unterschiedlichen Ebenen entstehen. Zur strukturierten Erfassung der Logistik-Risiken eines Unternehmensnetzwerkes[55] werden Netzwerke daher im Folgenden analytisch hinsichtlich dreier Perspektiven erfasst:[56]

---

52 Mildenberger 1998, S. 24.

53 Vgl. Kröll 2003, S. 105.

54 Mildenberger 1998, S. 24

55 Vgl. zu den Logistik-Risiken Kapitel 4.

56 Vgl. in Bezug auf das Risikomanagement Kajüter 2003a, S. 115f.; 2003b, S. 326; 2007, S. 22ff. sowie auch Christopher/Peck 2004, S. 4f.

- **Innen-Perspektive**, die unternehmensübergreifend die Beziehungen zwischen den Netzwerkpartnern innerhalb eines Netzwerkes betrachtet und die dort auftretenden Risiken untersucht.[57]
- **Außen-Perspektive I**, die das einzelne Unternehmen, welches zwar in einem Netzwerk agiert aber auch alleine nach außen auftritt, betrachtet, sowie die daraus entstehenden unternehmensinternen und -externen Risiken.[58]
- **Außen-Perspektive II**, welche die Beziehungen zwischen den Netzwerkpartnern und den Kunden, Lieferanten, Banken etc. betrachtet und die aus der Interaktion mit der Umwelt auftretenden Risiken beleuchtet.[59]

Zur Beantwortung der **Leitfrage 1,** wodurch sich die (logistischen) Beziehungen der Netzwerkpartner in Unternehmensnetzwerken grundsätzlich charakterisieren lassen, werden im Folgenden typische Merkmale von Unternehmensnetzwerken kurz erläutert.

2.1.1 Merkmale von Unternehmensnetzwerken

Unternehmensnetzwerke zeichnen sich grundsätzlich dadurch aus, dass eine explizite Vereinbarung für ein auf Dauer angelegtes, gemeinsames Handeln getroffen wird, wobei die Zusammenarbeit wie bei jeder Kooperation einen zweckgerichteten Charakter aufweist.[60] Die Akteure in dem Netzwerk besitzen

---

[57] Hierzu zählen Risiken, die aus den Austauschprozessen unter den am Netzwerk beteiligten Unternehmen resultieren. Dies sind einerseits funktionsbezogene Risiken aus den Bereichen Beschaffung, Produktion oder Distribution oder kooperationsbezogene Risiken aus der Zusammenarbeit der verschiedenen Unternehmen in einem Netzwerk. Vgl. Steven/Pollmeier 2007, S. 275f.

[58] Hierzu zählen Risiken, die nur einzelne Unternehmen des Netzwerks betreffen, aber wegen ihrer tatsächlichen oder möglichen Bedeutung eine Ausstrahlungswirkung auf das gesamte Unternehmensnetzwerk haben und dieses gefährden können, wie z.B. Risiken aus politisch-rechtlichen Veränderungen. Vgl. Steven/Pollmeier 2007, S. 275f.

[59] Hierzu zählen Risiken, die das Unternehmensnetzwerk als Ganzes betreffen, z.B. Streik, Terroranschläge oder Naturkatastrophen. Vgl. Steven/Pollmeier 2007, S. 275f.

[60] Ziel ihrer Zusammenarbeit ist die Verknüpfung betrieblicher Aktivitäten zur Erstellung eines am Markt verwertbaren Produktes oder einer am Markt verwertbaren Dienstleistung. Vgl. Rotering 1990, S. 41.

eine „relative Autonomie"[61], d.h. sie sind grundsätzlich (jederzeit) in der Lage, über den Eintritt in bzw. den Austritt aus einem Netzwerkarrangement selbstständig zu entscheiden und stehen diesbezüglich in einem Gleichordnungsverhältnis zueinander.[62] Die „relative" Autonomie der einzelnen Netzwerkakteure bedingt gleichzeitig auch die Existenz einer polyzentrischen[63] (d.h. gleichberechtigten) Entscheidungsstruktur innerhalb des Netzwerkes, die eine Metakoordination der Netzwerkaktivitäten durch ein (fokales) oder mehrere Unternehmen jedoch nicht ausschließt.[64] Des Weiteren herrschen in Unternehmensnetzwerken, wie bereits erläutert, „kooperative Wettbewerbsbeziehungen"[65], Dieses Spannungsfeld kann dazu führen, dass sich die Netzwerkpartner opportunistisch Verhalten[66].

Zusammenfassend sind somit folgende Merkmale besonders hervorzuheben:

- Steuerungsform bzw. Führungsstruktur,
- zeitliche Stabilität,
- Zielbezug und Arbeitsteilung,

die im Nachfolgenden näher erläutert werden.

Die **Steuerungsform** bzw. Führungsstruktur beschreibt die grundlegenden Mechanismen der Koordination bzw. Transaktion zwischen den Partnern in einem Unternehmensnetzwerk.[67] Man differenziert hierbei einerseits Netzwerke danach, ob sie von einem Unternehmen (**fokales** Unternehmen) strategisch ge-

---

61 „Relative" Autonomie setzt rechtliche Selbständigkeit und ein Mindestmaß an wirtschaftlicher Selbständigkeit voraus. Sydow 1992, S. 90 und Sydow/van Well 2006, S. 143.

62 Sydow 1992, S.90-94.

63 Vgl. zur Differenzierung polyzentrisch vs. fokal den nachfolgenden Abschnitt zu „Steuerungsform".

64 Vgl. Sydow/van Well 2006, S. 144; Sydow 1992, S. 80.

65 Dowling/Lechner 1998, S. 86ff.

66 Als **opportunistisches Verhalten** wird die Verfolgung von Einzelinteressen unter Missachtung der vereinbarten Verträge und Regeln, häufig auch unter Zuhilfenahme von List, Täuschung und Betrug (oder auch Zurückhaltung von Informationen, Anm. d. Verf.), bezeichnet. Vgl. Williamson 1990, S. 54. Im weiteren Verlauf der Arbeit wird im Rahmen der Transaktionskostentheorie in Kapitel 2.3.1 noch ausführlich auf Opportunismus eingegangen.

67 Vgl. Horváth 2003, S. 217.

steuert werden (hierarchisch-pyramidale bzw. fokale Netzwerke)[68] oder ob sie sich durch relativ homogene gegenseitige Abhängigkeiten auszeichnen (**polyzentrische** bzw. heterarchische Netzwerke). In polyzentrischen Netzen bestimmen demnach alle Partner gleichgewichtig mit, in fokalen Netzwerken entscheidet ein einzelnes Unternehmen bzw. eine kleine Kerngruppe von Unternehmen.[69]

Netzwerke sind, wie bereits erläutert, in der Regel auf längerfristige Wertschöpfungspartnerschaften ausgerichtet, d.h. die Beziehungen zwischen den Unternehmen in einem Netzwerk weisen im Vergleich zu flüchtigen und rein kurzfristigen Marktbeziehungen eine höhere **Stabilität** auf.[70] Indem organisatorische Beziehungen über die Abwicklung einzelner Transaktionen hinaus bestehen, ermöglichen sie eine effizientere Durchführung von sich wiederholenden und im Wesentlichen gleich bleibenden Aufgaben und den Aufbau von Vertrauensbeziehungen[71] zwischen den Netzwerkmitgliedern. Das Vertrauen zwischen den Mitgliedern in Unternehmensnetzwerken hat eine wichtige ökonomische Funktion, da es die Struktur und Qualität der Beziehungen zwischen den Netzwerkpartnern maßgeblich mitbestimmt. Es stellt eine wesentliche Bedingung und Handlungsgrundlage für die Kooperation in Netzwerken dar.[72] Für eine erfolgreiche Zusammenarbeit in einem Unternehmensnetzwerk ist Ver-

---

68 Fokale Netzwerke sind typisch für intraorganisatorische Netzwerke, wo die Konzernspitze die Position des fokalen Unternehmens übernimmt. Aber auch in interorganisatorischen Netzwerken kann ein Unternehmen das Netzwerk steuern. Fokale Unternehmen verdanken ihre „Macht"-Position in der Regel ihrer Größe, dem Zugang zu Absatzmärkten oder finanziellen Ressourcen. Beispiele für fokale, interorganisatorische Netzwerke finden sich z.B. in der Automobilindustrie, in der die Hersteller ein komplexes Netz von Systemlieferanten steuern, die wiederum ihrerseits eine Vielzahl von Zuliefererunternehmen integrieren.

69 Vgl. Horváth 2003, S. 217.

70 Vgl. ebenda.

71 „Vertrauen ist das auf zukünftige, unsichere Situationen gerichtete Gefühl des Sich-Verlassen-Dürfens, das auf den bisherigen Erfahrungen einer Person oder einer Organisation beruht, mit einer Verlustgefahr verbunden ist und mit dem Fehlen von Kontrollmöglichkeiten einhergeht". Kenning 2002, S. 12.

72 Vgl. Corsten 2001, S. 42; Steven/Pollmeier 2007, S. 280.

trauen grundlegend, weil es den Informationsaustausch[73] zwischen den Netzwerkpartnern verbessert, eine Voraussetzung für den Austausch sensibler Daten darstellt, konfliktreduzierend wirkt und dabei hilft, kooperative Konfliktlösungen zu fördern.[74] Des Weiteren werden durch Vertrauen, aufgrund des konfliktreduzierenden Charakters, letztlich auch Abstimmungs- und Koordinationskosten gesenkt.[75] Vertrauen kann durch positive Erfahrungen aus dem gemeinsamen Leistungsaustausch, aber auch durch einseitige Vorleistungen einzelner Partner aufgebaut werden. Jedoch wird man aufgrund zahlreicher Probleme und Risiken[76] ein Netzwerk nicht gänzlich auf Vertrauen aufbauen können. Zur Lösung bieten sich hier schriftliche Verträge an. Opportunistischem Verhalten kann so in gewissem Umfang durch die Festlegung von Konsequenzen begegnet werden. Allerdings werden durch die Ungewissheiten der Zusammenarbeit in einem Unternehmensnetzwerk der dazu erforderlichen genauen Festlegung einzelner Tatbestände enge Grenzen gesetzt. Ein anderes Problem ist, dass zu Beginn der Kooperation grundsätzlich nicht alle Details der Zusammenarbeit bekannt sind. Andererseits wäre deren schriftliche Fixierung extrem komplex und würde durch die ständigen Veränderungen im Zeitablauf eine kontinuierliche Anpassung des Vertragswerkes erfordern. Werden jedoch weniger detaillierte Festlegungen getroffen, entsteht andererseits stets ein Interpretationsspielraum, der die Durchsetzung der Konsequenzen mit großer Wahrscheinlichkeit von gerichtlichen Auseinandersetzungen abhängig macht.

Ziel der Zusammenarbeit in einem Netzwerk ist in der Regel die Verknüpfung betrieblicher Aktivitäten zur Erstellung eines am Markt verwertbaren Produktes oder einer am Markt verwertbaren Dienstleistung.[77] Die damit einhergehende

---

[73] Der Informationsaustausch in Unternehmensnetzwerken ist naturbedingt durch wechselseitige Informationsasymmetrien geprägt, woraus sich grundsätzlich eine latente Gefahr zu opportunistischem Verhalten der Netzwerkpartner ergeben kann.

[74] Vgl. Vgl. Corsten 2001, S. 42; Steven/Pollmeier 2007, S. 280f.

[75] Vgl. Bachmann 2000.

[76] Vgl. Kapitel 2.1.2.

[77] Hierbei ist grundsätzlich zwischen notwendigen und hinreichenden Zielen zu differenzieren (z.B. für ein auf Dauer angelegtes Netzwerk ist das „Überleben“ ein notwendiges Ziel, hin-

Arbeitsteilung in einem Netzwerk kann entweder mit redundant besetzten Positionen erfolgen, d.h. es gibt beispielsweise mehrere Lieferanten im Netzwerk, die dann wiederum in einem Konkurrenzverhältnis zueinander stehen, oder aber bestimmte Positionen werden nur von einem Unternehmen besetzt. Dann besteht allerdings die Gefahr, dass dieser neuralgische Punkt[78] im Falle des Ausfalls dieses Unternehmens (beispielsweise das Netzwerk hat nur einen Lieferanten) ein hohes Risikopotenzial birgt.

Zusammenfassend kann man sagen, dass sich die (logistischen) Beziehungen der Netzwerkpartner in einem Unternehmensnetzwerk dadurch charakterisieren, dass sie langfristig zusammenarbeiten, ein gemeinsames Ziel verfolgen, in der Regel von einem fokalen Unternehmen geführt werden und grundsätzlich redundant besetzte Positionen im Netzwerk vorherrschen (sollten).

Merkmal	**Ausprägung** ←→	
Steuerungsform	Fokal	Polyzentrisch
Stabilität	Langfristig	Kurzfristig
Zielbezug und Arbeitsteilung	Redundanzen im Netzwerk	Neuralgische Punkte im Netzwerk

Tab. 1: Merkmale von Unternehmensnetzwerken (Quelle: Eigene Darstellung)

Im nachfolgenden Abschnitt werden die wesentlichen Vor- und Nachteile von Unternehmensnetzwerken kurz erläutert.

---

gegen sind die Erwirtschaftung von Gewinnen oder die Nutzung von Vorteilen hinreichende Ziele).

78 Vgl. hierzu das Beispiel von Toyota, als deren damaliger (einziger) Hauptlieferant für Bremsbacken, die Sumitomo Metal Industries, 1995 stark von einem Erdbeben getroffen wurde. Der Warenfluss wurde dadurch für einige Tage unterbrochen. Dieses Risikoereignis führte bei Toyota zu einem Produktionsrückgang von 20.000 Autos und Verlusten in Höhe von etwa 200 Millionen US-Dollar. Vgl. Sheffi 2005, S. 18f.

2.1.2 Vor- und Nachteile von Unternehmensnetzwerken

In der Literatur und Praxis finden sich – häufig auch ohne Beleg – zahlreiche Vor- und Nachteile von Netzwerken.[79] Nachfolgend werden die wesentlichen Vor- und Nachteile von Netzwerken, die sich gegenseitig bedingen, erläutert und in einer abschließenden Tabelle zusammenfassend dargestellt. Bei den Vorteilen handelt es sich insbesondere um[80]:

- Risikoteilung und Reduzierung von Unsicherheit,
- Erhöhung der strategischen Flexibilität,
- Arbeitsteilung und Spezialisierung,
- Economies of Scale[81] und Scope[82],
- Kosteneinsparungen sowie um
- Informations- und Know-how-Gewinn.

- **Risikoteilung und Reduzierung von Unsicherheit**

Das unternehmerische Risiko steigt in dynamischen Umwelten mit der ansteigenden Unsicherheit von fixkostenintensiven, spezifischen und mit langen Amortisationszeiten versehenen Investitionen an. Die Märkte (Güter-, Arbeits- und Informationsmärkte) globalisieren sich und neue Wettbewerber treten in ehemals angestammte oder bisher verschlossene Märkte ein. In einer Kooperation kann dieses unternehmerische Risiko durch eine starke Standardisierung und Verteilung der Produktions-/Leistungsprozesse gemindert und auf mehrere Schultern verteilt werden.[83] Zudem kann eine Diversifizierung der Leistungen von Netzwerkakteuren im Rahmen einer kollektiv zu erbringenden Leistung

---

79 Vgl. z.B. Backhaus/Meyer 1993, S. 331; Struthoff 1998, S. 40; Sydow 2003, S. 305ff.; Sydow 2006, S. 291.

80 Vgl. ebenda.

81 Economies of Scale (Größenvorteile): Ausnutzung von Volumeneffekten oder Spezialisierungsvorteilen durch Konzentration auf Kernkompetenzen; werden auch als Skaleneffekte bezeichnet. Vgl. Diller 1994, S. 234.

82 Economies of Scope (Verbundvorteile): Erhöhung des Innovationspotenzials durch Lerneffekte, Pooling von Ressourcen und Know-how zur Sicherung einer weltweiten Qualitätsführerschaft; werden auch als Diversifikationsvorteile bezeichnet. Vgl. Diller 1994, S. 234.

ebenso das Risiko mindern wie die Sicherung eines breiteren Markt- und Kundenzugangs für die einzelnen Akteure.[84]

- **Erhöhung der strategischen Flexibilität**

Durch Netzwerke wird ein flexibleres Eingehen auf differenzierte Ansprüche der Kunden möglich, indem Teilleistungen bzw. Angebotskomponenten unterschiedlicher Unternehmen kundenindividuell zu geeigneten Angebotspaketen konfiguriert werden. Des Weiteren wird durch die Dynamik im Netzwerk und von neuen Partnern eine ständige Anpassung an veränderte Umwelt- und Wettbewerbsbedingungen ermöglicht, was wiederum zu einem flexibleren Handeln führt.[85]

- **Arbeitsteilung und Spezialisierung**

Durch Arbeitsteilung und Spezialisierung wird ein produktiveres Wirtschaften durch den Ausbau und die Konzentration auf Kernkompetenzen[86] möglich. Hierdurch werden nicht nur knappe Ressourcen geschont, sondern sie begünstigen bei gleichbleibendem Ressourceneinsatz das Befriedigen weiterer (Kunden-)Bedürfnisse.[87] Mit Hilfe der Arbeitsteilung ergeben sich zudem Interdependenzen zwischen den Netzwerkteilnehmern, insbesondere in Form von Handlungs- und Entscheidungsinterdependenzen. Diese betreffen einerseits direkt die Arbeitsabläufe und Aktivitäten im Leistungserstellungsprozess, bei denen z.B. Schnittstellen zu vor- und nachgelagerten Einheiten zu berücksichtigen sind. Andererseits bestehen auch Entscheidungsinterdependenzen, z.B. hinsichtlich Marktstrategien oder Investitionen. In diesem Zusammenhang spielen Machtverteilung und Positionierung im Netzwerk eine große Rolle. Die Netzwerkposition eines Unternehmens und die Machtverhältnisse beeinflussen

---

[83] Vgl. Zahn/Foschiani 2000, S. 510.

[84] Vgl. Picot et al. 2008, S. 177.

[85] Vgl. Sydow 1995, S. 632.

[86] Bei Kernkompetenzen handelt es sich um unternehmensspezifische, erfolgskritische Fähigkeiten, die im Wesentlichen auf organisatorischer, vertrieblicher und technologischer Ebene verankert sind. Vgl. Prahalad/Hamel 1990, S. 83 f.

wiederum den Zugang zu erfolgskritischen Ressourcen sowie die Möglichkeiten, eigene inhaltliche Vorstellungen in gemeinschaftliche Entscheidungsprozesse einzubringen und Einfluss auf andere Netzwerkunternehmen auszuüben.[88]

- **Economies of Scale und Scope**

Kurze Leistungs- und Entscheidungszeiten sind kennzeichnend für die Koordination in Unternehmensnetzwerken. Indem die Kräfte der kooperierenden Unternehmen zusammenwirken, lassen sich Vorteile durch eine gegenseitige Ergänzung des Produkt- und Leistungsspektrums erzielen.[89] Durch Unternehmensnetzwerke können somit Economies of Scale[90] und Scope[91] als Vorteile der als Ganzes fungierenden Einzelakteure, unternehmensübergreifende Lern- und Erfahrungskurveneffekte sowie Know-how-Vorteile durch wechselseitigen Austausch erzielt werden, die allen Partnern im Netzwerk zugute kommen.[92] Damit verbunden ist auch die Erzielung von Wettbewerbsvorteilen.

- **Kosteneinsparungen**

Zentrale Zielsetzung der unternehmensübergreifenden Zusammenarbeit ist, wie beschrieben, die Bündelung von Ressourcen und die Nutzung von Synergien.[93] So können auf Netzwerkebene Kostendegressionseffekte (insbesondere Fixkostendegressionseffekte und Lernkurveneffekte) erzielt werden, indem sich die einzelnen Unternehmen auf einzelne Funktionen oder Leistungen konzentrieren, diese aber für das gesamte Netzwerk erbringen und so ihre Ausbrin-

---

87 Vgl. Fleisch 2001, S. 62.

88 Vgl. Peitz 2002, S. 127ff.

89 Vgl. Zahn/Foschiani 2000, S. 510.

90 Vgl. Fußnote 81

91 Vgl. Fußnote 82

92 Vgl. Sydow 1995, S. 632; Borchert 2001, S. 102f.

93 Die Nutzung von Synergien bedeutet z.B., durch die Kooperation mit Wettbewerbern Betriebsmittel für einen definierten Aufgabenbereich gemeinsam zu nutzen, wie z.B. die gemeinsame Nutzung von Distributions-, Lager- und Verkehrssystemen. Vahrenkamp 2007a, S. 15.

gungsmenge erhöhen. Des Weiteren können Such-, Anbahnungs- und Vertragskosten sowie Investitionen und Kosten in (neue) Technologien auf die potenziellen Netzwerkteilnehmer aufgeteilt werden.[94]

- **Informations- und Know-how-Gewinn**

Durch den Zusammenschluss zu Unternehmensnetzwerken ergibt sich, wie bereits erläutert, die Möglichkeit, einen erweiterten Zugang zu neuen Märkten und Kunden zu erhalten. Komplexe Kundenprobleme können arbeitsteilig und unternehmensübergreifend gelöst werden. Diese Möglichkeiten eröffnen aber auch gleichzeitig die gemeinsame Nutzung aus den erweiterten Ressourcen, insbesondere des Know-hows (Technologie- und Marktinformation) der Kooperationspartner.

Den potenziellen Vorteilen stehen jedoch auch mögliche Nachteile von Netzwerken gegenüber, die zu berücksichtigen sind. Es handelt sich hierbei um[95]:

- Abhängigkeit,
- erhöhter Koordinationsbedarf,
- Kontrollverlust,
- Informations- und Know-how-Verlust,
- Opportunismus,
- Kulturprobleme und
- Kosten.

- **Abhängigkeit**

Die Beteiligung an einem Unternehmensnetzwerk ist mit einer gewissen Einschränkung des eigenen Entscheidungsspielraumes und damit einhergehend der Selbstständigkeit verbunden, d.h. mit einer nur sehr begrenzten bzw. par-

---

94 Vgl. Zahn/Foschiani 2000, S. 510.

95 Vgl. u.a. Sydow 1995, S. 633

tiellen Systembeherrschung[96], da eine engere Verknüpfung der eigenen Aktivitäten mit denen der Partner erfolgt.[97] So entstehen im Zusammenhang mit der Fokussierung auf einzelne Teilbereiche bzw. der Auslagerung von Leistungsbereichen für Unternehmen Abhängigkeiten der einzelnen Unternehmen von den Leistungen und vor allem dem Kooperationsverhalten der Netzwerkpartner, die insbesondere dann problematisch sind, wenn sie einseitig oder irreversibel sind.[98] Dies kann dazu führen, dass die strategische Flexibilität der einzelnen Unternehmen, die durch eine Vernetzung eigentlich erhöht werden sollte, eingeschränkt wird. Die geforderte Flexibilität des Netzwerkes bedingt auch eine ständige Überprüfung und Anpassung der Strategien, Ziele, Funktionen und der Struktur des Netzwerkes. Durch dic Abhängigkeit und das Kooperationsverhalten ergeben sich auch Nachteile in Bezug auf die Übernahme des Risikos, was von anderen Netzwerkpartnern ausgeht.

- **Erhöhter Koordinationsbedarf**

Der Zusammenschluss in einem Netzwerk führt zu einer Komplexitätssteigerung (beispielsweise in Bezug auf Abstimmungs- und Controllingprozesse) für das Management, da durch die Kooperation zusätzlich zum Tagesgeschäft weitere Koordinationsaufgaben wahrgenommen werden müssen. Entscheidungsprozesse werden oftmals als schwierig und zeitraubend wahrgenommen und erhöhen so den Koordinations- und Kommunikationsbedarf.[99] Des Weiteren können Konflikte durch unterschiedliche Ziele, Strategien und Interessen entstehen. In Unternehmensnetzwerken erfolgt zudem eine Substitution hierarchischer Anweisungen und Kontrollmöglichkeiten durch Marktmechanismen und gegenseitige Koordination, was dazu führt, dass Führungskräfte oft ein Gefühl mangelnder Steuerbarkeit empfinden.[100]

---

96 Sydow 1995, S. 633.

97 Vgl. Moermann et al. 1996, S. 461ff.; Zahn/Foschiani 2000, S. 511.

98 Vgl. Steven/Pollmeier 2007, S. 274.

99 Vgl. Zahn/Foschiani 2000, S. 511.

100 Vgl. Stuthoff 1998 S. 44; Sydow 2006, S. 291.

- **Kontrollverlust**

Zugleich ist die Netzwerkbildung für die einzelnen Unternehmen auch immer mit einem gewissen Kontrollverlust und einer verringerten Entscheidungsfreiheit verbunden.[101] Anstelle direkter Weisungsbefugnisse und Durchgriffsrechte treten in Netzwerken eher kooperative Formen der Abstimmung. Dies ist vor allem dann nachteilig, wenn zeitnah auf Störungen oder Probleme reagiert werden soll. In diesem Zusammenhang besteht auch die Gefahr, dass externe Störungen, die eigentlich lokal begrenzt sind, auf das gesamte Netzwerk übertragen werden. Auch im Falle des Scheiterns einer Kooperation oder durch die Unzuverlässigkeit von Kooperationspartnern kann es zu einem Imageverlust bei den anderen am Netzwerk beteiligten Unternehmen kommen.

- **Opportunismus**

Ein in Netzwerken häufig anzutreffendes Problem besteht in der Gefahr von opportunistischem Verhalten der Netzwerkteilnehmer, indem im Netzwerk kurzfristig Vorteile unter Benachteiligung der Partner realisiert werden.[102] Opportunismus liegt grundsätzlich immer dann vor, wenn sich ein Partner nicht an die getroffenen Vereinbarungen hält, wichtige Informationen zurückhält oder sogar verfälscht, Zusagen macht, die er nicht einhält, die Qualität seiner Leistung reduziert, etc.[103]

- **Kulturprobleme**

Die Kooperation unterschiedlicher Unternehmen setzt die Zusammenarbeit auch jenseits kultureller oder kommunikativer Unterschiede voraus. Es besteht somit, aufgrund der **Komplexität und Heterogenität** in Netzwerken, das Problem, unterschiedliche Unternehmenskulturen und persönliche Mentalitäten in

---

[101] Vgl. Sydow 1995, S. 633.

[102] Vgl. Küster 2000, S. 105 sowie den Literaturüberblick über Studien zum Thema Opportunismus in industriellen Beziehungen bei Wathne/Heide 2000, S. 37.

[103] Vgl. Williamson 1990, S. 54.

Einklang zu bringen und mögliche Konflikte durch unterschiedliche Ziele, Strategien und Interessen einzudämmen.[104]

- **Kosten**

Zu Beginn einer Partnerschaft in einem Netzwerk sind zunächst (spezifische) Investitionen[105] erforderlich. Dies führt zu einem ungünstigen Kosten-Nutzen-Verhältnis in der Aufbauphase. Ein „pre-qualifying“ könnte helfen, diese Schwierigkeiten zu verringern. Es stellt sicher, dass ein Pool von Unternehmen bestimmte Anforderungen erfüllt, aus diesem Pool werden dann geeignete Partner gewählt. Weitere Kosten können jedoch auch entstehen, wenn in der Anfangsphase ein Partner wieder abspringt.

- **Informations- und Know-how-Verlust**

Aufgrund des relativ freien Austausches von Informationen birgt die Kooperation in einem Unternehmensnetzwerk die Gefahr von wechselseitigen Know-how-Abflüssen in einem unerwünschten Ausmaß.[106] Damit einhergehend kann ein Verlust von Kernkompetenzen stattfinden.[107]

Die formalen Beschreibungen über die grundlegenden Charakteristika von Netzwerken dürfen allerdings nicht darüber hinwegtäuschen, dass alle Maßnahmen zur Bildung von Vertrauen und organisatorischen Kooperationsinstrumenten in ihrer Wirksamkeit von der Fähigkeit und dem Willen der Mitarbeiter zur Kooperation abhängen. Des Weiteren müssen die unterschiedlichen Interessen der Netzwerkteilnehmer berücksichtigt werden. Der „(Risiko)faktor

---

[104] Vgl. Steven/Pollmeier 2007, S. 280; Zahn/Foschiani 2000, S. 511 .

[105] Vgl. zu spezifischen Investitionen Kapitel 2.3.3.

[106] Vgl. z.B. Bernecker/Präuer 2006, S. 32; Specht/Behrens/Mieke 2007, S. 133.

[107] Vgl. Struthoff 1998, S. 43.

Mensch“[108] erweist sich hierbei als kritischer Erfolgsfaktor der Kooperation und muss als solcher anerkannt und mit allen Risiken[109] berücksichtigt werden.[110]

Die Charakteristika von Netzwerken sind in Tabelle 2 noch einmal zusammenfassend dargestellt.

Vorteile:	**Ausprägung**
Risikoteilung und Reduzierung von Unsicherheit	0 ⟷ 100%
Erhöhung der strategischen Flexibilität	0 ⟷ 100%
Arbeitsteilung und Spezialisierung	0 ⟷ 100%
Economies of Scale und Scope	0 ⟷ 100%
Kosteneinsparung	0 ⟷ 100%
Informations- und Know-how-Gewinn	0 ⟷ 100%
Nachteile:	
Abhängigkeit (Risikoübernahme)	0 ⟷ 100%
Erhöhter Koordinationsbedarf	0 ⟷ 100%
Kontrollverlust	0 ⟷ 100%
Opportunismus	0 ⟷ 100%
Kulturprobleme	0 ⟷ 100%
Kostensteigerung	0 ⟷ 100%
Informations- und Know-how-Verlust	0 ⟷ 100%

Tab. 2: Charakteristika von Unternehmensnetzwerken (Quelle: Eigene Darstellung in Anlehnung an Backhaus/Meyer 1993, S. 331; Struthoff 1998, S. 40, Sydow 1999, S. 291).

Die erwarteten Vorteile einer Kooperation können allerdings nur dann realisiert werden, wenn eine reibungslose Integration der auf verschiedenen Einheiten im Netzwerk verteilten Wertschöpfungsaktivitäten gelingt und der Netzwerkmehrwert nicht durch Kosten der Integration, naturbedingt vorherrschendem **Opportunismus** sowie der **Komplexität und Heterogenität** in dem Netzwerk zunich-

[108] Vgl. hierzu auch Romeike 2006.

[109] Wie z.B. Motivationsbarrieren, Karriereentwicklungen, Konflikte aufgrund von neuen Weisungsbeziehungen.

[110] Vgl. Sydow 1995, S. 632.

te gemacht wird. Somit müssen bei der Bildung eines Netzwerkes u.a. folgende Aspekte beachtet werden:[111]

- Die Selektion, d.h. die Auswahl geeigneter Netzwerkpartner.[112]
- Die Allokation, d.h. die Aufgabenzuordnung im Netzwerk.
- Die Regulation, d.h. die Entwicklung und Durchsetzung von Regeln der Zusammenarbeit.
- Die Evaluation, d.h. die Planung, Ermittlung und Kontrolle des Netzwerkerfolges.

Die größten Probleme und damit Herausforderungen für das Management von Unternehmensnetzwerken stellen somit der **Opportunismus**, die **Komplexität und Heterogenität** des Netzwerk und die **unterschiedlichen Ziele**[113] der verschiedenen Netzwerkpartner dar.

Mit Hilfe eines **angemessenen** und **wirksamen** Risikomanagements ist es grundsätzlich möglich, diese drei Problembereiche durch verschiedene Maßnahmen zu lösen bzw. einzudämmen. Durch die **Schaffung von Transparenz**[114] und einer **einheitlichen Sprache** und **Strategie** kann man, die genannten Probleme beherrschbar machen. Hierfür müssen die Prozesse des Netzwerkes und der daran beteiligten Unternehmen miteinander verzahnt werden.[115]

In weiteren Verlauf der Arbeit, speziell in Kapitel 4, wird auf diese Herausforderungen und deren Lösung noch einmal ausführlich eingegangen.

---

111 Vgl. Hess 1999, S. 227.

112 Für das langfristige Funktionieren eines Unternehmensnetzwerks ist es hilfreich, bereits bei der Auswahl der Netzwerkpartner nach Möglichkeit solche auszusuchen, zu denen aufgrund bestehender wirtschaftlicher Beziehungen oder persönlicher Kontakte bereits ein Vertrauensverhältnis aufgebaut werden konnte. Vgl. Specht/Behrens/Mieke 2007, S. 142f.

113 Ausgangspunkt der Zusammenarbeit und wichtig für die Entwicklung einer gemeinsamen Strategie in einem Unternehmensnetzwerk ist die gemeinschaftliche Vereinbarung von Zielen. Diese sind meistens auf den unternehmensindividuellen Zielen der Unternehmen aufgebaut und werden weiterentwickelt und an das Unternehmensnetzwerk angepasst. Vgl. Steven/Pollmeier 2007, S. 279.

114 U.a. durch die Einführung einer Schadensfalldatenbank. Vgl. hierzu auch Abschnitt 6.1.11.

115 Vgl. Arnold/Isermann/Kuhn/Furmans/Tempelmeier, S. 459.

2.2 Logistik in Unternehmensnetzwerken

2.2.1 Begriff der Logistik

Sowohl in der wissenschaftlichen Literatur wie auch in der unternehmerischen Praxis gibt es zum Teil unterschiedliche Auffassungen über den Begriff Logistik.[116] Man versteht hierunter im Allgemeinen die Lehre von der Bewegung und Platzierung von Gütern, Diensten und Personen sowie allen dazu erforderlichen Konzepten und Tätigkeiten. Ursprünglich war die Logistik eine Teildisziplin der militärischen Strategielehre und wurde seit etwa dem dreißigjährigen Krieg auf wirtschaftliche Probleme angepasst.[117] In den 90er Jahren folgte eine betriebswirtschaftliche Besetzung des Begriffs Logistik: „Logistic is the term describing the process of planning, implementing and controlling the efficient cost, effective flow and storage of raw-materials, in process inventory, finished goods and related information from point of origin to point of consumption for the purpose of confirming customer requirements".[118] In dieser Definition spielt das Zeitmanagement von der Produktion bis zum Verbraucher eine Rolle und dies schon, wie für einen betriebswirtschaftlichen Ansatz nicht anders zu erwarten, unter Kostengesichtspunkten. Die Definition des amerikanischen Council of Logistics Management hat unter den zahlreichen wissenschaftlichen terminologischen Abgrenzungsversuchen[119] eine breite Verwendung gefunden.

Die Logistik ist eine der jungen Teildisziplinen der Betriebswirtschaftslehre, wo sie zunächst als eine Hilfsfunktion in der Materialwirtschaft angesehen wurde.[120] Im vergangenen Jahrzehnt wurde sie durch intensive Forschungstätigkeiten in Verbindung mit starkem Interesse der Unternehmenspraxis als eigen-

---

116 Vgl. hierzu Weber/Kummer 1998, S. 6, sowie Göpfert 2000, S. 19. Die Logistik tangiert alle Unternehmensbereiche von der Beschaffung, Produktion, Distribution und Entsorgung und lässt sich nicht als Einzelfunktion festlegen. Aus diesem Grund spricht man auch von der sogenannten Querschnittsfunktion der Logistik. Vgl. Pfohl 1990; Mayer 2007 S. 1; Koether 2008.

117 Logistik bedeutet hier die Lehre von der Planung, der Bereitstellung und vom Einsatz der für militärische Zwecke erforderlichen Mittel zur Unterstützung der Streitkräfte.

118 Council of Logistics Management (CLM) 2004.

119 Für eine umfassende Diskussion vgl. Hadamitzky 1995, S. 27ff.

120 Vgl. Vahrenkamp 2007a, S. 3.

ständiger Bereich („eigenständiger Produktionsfaktor, der weltweite Lieferketten koordiniert“[121]) entwickelt und gefestigt.[122]

Heutzutage stellt die Logistik ein umfassendes, schnittstellenübergreifendes System dar, das den gesamten Prozess der Planung, Realisierung, Steuerung und Kontrolle aller unternehmensinternen und -übergreifenden Waren-, Güter- und Informationsflüsse eines Unternehmens von der Beschaffung über die Produktion bis hin zu den Absatzmärkten umfasst.[123] Auch von anderen Unternehmen erbrachte Logistikleistungen sind als integrale Bestandteile des durchgängigen Logistiksystems anzusehen.[124]

Das **Ziel der Logistik** liegt in der Sicherstellung, dass ein gewünschter Bedarf an Gütern anforderungsprofilgerecht befriedigt wird.[125] Anforderungsprofilgerecht bedeutet, dass die Logistik letztendlich dafür sorgt, dass die **R's der Logistik**[126] einhalten werden: d.h., dass das **r**ichtige Produkt/die **r**ichtige Ware bzw. die **r**ichtige Leistung, in der **r**ichtigen Menge, in der **r**ichtigen Qualität, zur **r**ichtigen Zeit, zu den **r**ichtigen Kosten, am **r**ichtigen Ort, mit den **r**ichtigen Informationen/Daten für den **r**ichtigen Kunden, zur Verfügung steht.[127]

Die traditionelle Logistik umfasst die bereits erwähnten Funktionsbereiche Beschaffungs-, Produktions-, Distributions- und Entsorgungslogistik des Unternehmens:[128]

---

121 Vahrenkamp 2007a, S. 3.

122 Vgl. den Überblick über die Logistik in der Betriebswirtschaftslehre bei Seelbach 1997, S. 229-230 oder umfassender S. 214ff.

123 Vgl. Pfohl 1990; Mayer 2007 S. 1; Koether 2008; Baumgarten 2004, S. 2; Straube 2004, S. 24.

124 Zum Thema Outsourcing von logistischen Leistungen siehe Abschnitt 2.2.3.

125 Vgl. Weber 1987, S. 85.

126 Manche Autoren sprechen von sechs oder sieben, andere von acht R's der Logistik. Vgl. Koether 2008; Jetzke 2007; Jünemann 1989; Plowman 1964; Ehrmann 2003. In dieser Arbeit werden 8 R's der Logistik betrachtet.

127 Vgl. Zilkens 2006, S. 31.

128 Vgl. Pfohl 2000, S. 17-19, Seelbach 1997, S. 215-216, Troßmann 1991, S. 7-17. Man könnte auch noch die Unternehmenslogistik und die Betriebslogistik hinzufügen. Die Unternehmenslogistik befasst sich mit Transportaufgaben innerhalb des Unternehmens, insbe-

- Die Beschaffungslogistik befasst sich mit der Einkaufsseite und der Bereitstellung von Bedarfsgegenständen, insbesondere mit Roh-, Hilfs- und Betriebsstoffen, Kaufteilen und Handelswaren.
- Die Produktionslogistik befasst sich mit der Verarbeitung von Roh-, Hilfs- und Betriebsstoffen zur Herstellung der fertigen Produkte.
- Die Distributionslogistik, die sich mit dem Transport fertiger Objekte an Abnehmer, Nutzer und Kunden befasst und
- die Entsorgungslogistik, die sich mit dem Transport von Abprodukten (Müll), Ausschuss, Verderb und anderen nicht mehr benötigten Faktoren beschäftigt.

Im Folgenden werden die einzelnen Funktionsbereiche der traditionellen Logistik kurz erläutert. Im weiteren Verlauf der Arbeit wird dann auf die moderne Sichtweise der Logistik, das Supply Chain Management, in Kapitel 2.2.4 näher eingegangen.

2.2.2 Funktionsbereiche der Logistik

2.2.2.1 Beschaffungslogistik

Die Beschaffung aller Güter und Dienstleistungen, die ein Unternehmen zur Durchführung des Produktionsprozesses benötigt, gehört zu den betrieblichen Grundfunktionen. Die Beschaffungslogistik, als erste Stufe in der logistischen Kette, umfasst die Gesamtheit der logistischen Aufgaben und Maßnahmen zur Gestaltung des Materialflusses von den Lieferanten in das Unternehmen hinein sowie im Unternehmen selbst.[129] Im Allgemeinen wird hierunter die Suche nach Lieferanten (z.B. Hersteller, Importorganisationen, Großhandelseinrichtungen), der Vertragsabschluss und die Durchführung von Lieferungen von Einsatzstoffen (Roh-, Hilfs- und Betriebsstoffe sowie Halbfertigfabrikate) für Produktions-

---

sondere (auch) mit dem Transport von Halbfertig- und Fertigerzeugnissen. Die Betriebslogistik befasst sich mit dem innerbetrieblichen Transport von Material (Roh-, Hilfs- und Betriebsstoffen), Kaufteilen, Unfertig- und Fertigerzeugnissen innerhalb oder im Zusammenhang mit dem Produktionsprozess.

[129] Vgl. Eberle 2005, S. 71.

unternehmen und von Handelsware für Handelsunternehmen verstanden. Die Zuständigkeit der Beschaffung endet mit der Übergabe der Güter an die erste Produktionsstufe. Das Ziel der Beschaffung ist die benötigten Produktionsfaktoren in der richtigen Menge, der richtigen Qualität, zum richtigen Zeitpunkt, am richtigen Ort, zu einem bestmöglichen Preis zur Verfügung zu stellen.[130]

2.2.2.2 Produktionslogistik

Die Produktionslogistik stellt die zweite Stufe in der logistischen Kette dar. Hier werden die angelieferten Roh-, Hilfs- und Betriebsstoffe zur Herstellung der fertigen Produkte verarbeitet. Schweitzer versteht unter Produktion „... die Kombination und Transformation von Einsatzgütern (Produktionsfaktoren) zum Zwecke der Erstellung von Ausbringungsgütern. Dabei können die Einsatz- und Ausbringungsgüter sowohl Sachgüter ... als auch Dienstleistungen ... sein."[131] Zu ihren Aufgaben gehören die Materialplanung, Termin- und Kapazitätsplanung und die Durchsteuerung der Aufträge.[132] Die Produktionslogistik muss eine der komplexesten logistischen Aufgaben erfüllen, denn sie muss dafür Sorge tragen, dass in jeder Produktionsstufe das benötigte Material zur Bearbeitung zur Verfügung steht.

2.2.2.3 Distributionslogistik

Die Distribution[133], als dritte Stufe im Güterfluss, umfasst die Gesamtheit der logistischen Aufgaben und Maßnahmen zur Organisation und Abwicklung des Warenflusses, d.h. aller Lager- und Transportvorgänge von Gütern (fertige Produkte und Handelswaren) zwischen Hersteller und Händler bis hin zum Konsumenten sowie die Gesamtheit aller absatzwirtschaftlichen Aktivitäten

---

130 Vgl. Eberle 2005, S. 69.

131 Schweitzer 1996, Sp. 1642. Vgl. auch Kern 1996, Sp. 1630; Blohm 1988, S. 19 und Corsten 2001, S. 2.

132 Vgl. Koether 2008, S. 31.

133 Man spricht synonym auch von Absatz.

bzw. Marketingaktivitäten, die mit der Güterübertragung im Zusammenhang stehen.[134] Zur Distribution gehören auch alle mit den genannten Aufgaben verbundenen Informations-, Steuerungs- und Kontrolltätigkeiten. Die Absatz- bzw. Distributionslogistik stellt somit das Bindeglied zwischen der Produktion und der Absatzseite des Unternehmens dar. Das Hauptziel der Distributionslogistik ist die Minimierung der Logistikkosten[135] der Distribution unter Einhaltung eines definierten Lieferserviceniveaus[136].

2.2.2.4 Entsorgungslogistik

Die Entsorgung(slogistik) als letztes Glied in der logistischen Kette, umfasst die Gesamtheit der logistischen Aufgaben und Maßnahmen zur Vorbereitung und Durchführung des Transportes von Abprodukten (Müll), Ausschuss, Verderb und anderen nicht mehr benötigten Faktoren (Rückständen). Man kann zwischen Abfällen zur Verwertung und Abfällen zur Beseitigung unterscheiden. Auch die Rückstände lassen sich unterscheiden in produktionsbedingte und konsumtionsbedingte Rückstände. Produktionsbedingte Rückstände sind Ressourcen, die während des Produktionsprozesses anfallen, jedoch nicht in das Endprodukt eingehen. Bei Konsumptionsbedingten Rückständen handelt es sich beispielsweise um Verpackungen (zu Beginn der Produktverwendung),

---

134 Vgl. Ahlert 1996, S. 14-15.

135 Vgl. Pfohl 1996, S. 1133. Die Logistikkosten teilen sich auf in Steuerungs- und Systemkosten (alle Kosten, die zum Management des Material- und dazugehörigen Informationsflusses subsumiert werden), Bestandskosten (jene Kosten, die zur Finanzierung von Beständen aufgebracht werden), Lagerkosten (alle Kosten, die für das Bereithalten von Lagerkapazitäten und für Ein- bzw. Auslagerungsprozesse zu kalkulieren sind), Transportkosten (Kosten des internen und externen Transports) und Handlingkosten (alle Kosten des Verpackens, Kommissionierens, etc.). Vgl. Schulte 2005, S. 8.

136 Der Lieferservice wird auch Logistikservicegrad, Logistikservice oder Logistikleistung genannt und setzt sich aus der Lieferzeit, der Lieferzuverlässigkeit, der Lieferungsbeschaffenheit, der Lieferflexibilität und der Lieferbereitschaft zusammen. Vgl. Darr 1992, S. 2; Schulte 2005, S. 6; Lambert 1994, S. 76; LaLonde et. al. 1988. Der Lieferservice gilt als der Output eines Logistiksystems. Vgl. Schulte 2005, S. 6; Pfohl 2000, S. 35f.; Tempelmeier 1983, S. 7.

Batterien (während der Produktverwendung) oder Schrott (nach der Produktverwendung).[137]

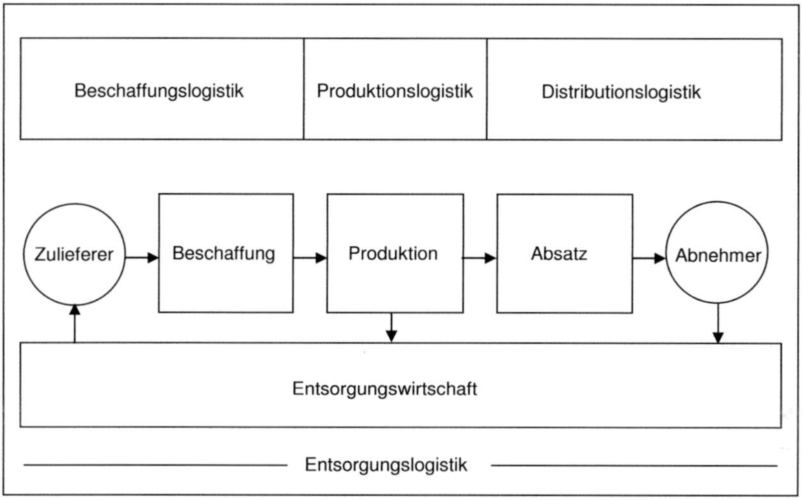

Abb. 1: Funktionsbereiche der Logistik (Quelle: Vahrenkamp 2007, S. 7)

Mit der Diskussion um die Konzentration auf die Kernkompetenzen eines Unternehmens rückt die Frage in den Vordergrund, ob logistische Leistungen und Prozesse, d.h. die Funktionsbereiche der Logistik, selbst, d.h. im eigenen Unternehmen, vollzogen oder von anderen Unternehmen (beispielsweise von einem darauf spezialisierten Logistikdienstleister) übernommen werden sollen.[138] Diese Diskussion ist Gegenstand des nachfolgenden Abschnitts.

2.2.3 Outsourcing logistischer Leistungen und Prozesse

Ziel des Outsourcing von logistischen Leistungen und Prozessen an hierfür spezialisierte Unternehmen ist die Allokation der Ressourcen in der Logistikket-

---

[137] Vgl. Schulte 2005, S. 415ff.

[138] Vgl. Vahrenkamp 2007a, S. 282.

te und damit eine Steigerung der Wettbewerbsfähigkeit des Unternehmens sowie insgesamt eine Erhöhung des Kundennutzens zu erreichen.[139] Insbesondere logistische Funktionen innerhalb eines Unternehmens bzw. Unternehmensnetzwerkes sind für die Fremdvergabe grundsätzlich geeignet, da sie oftmals nicht als Kernkompetenzen wahrgenommen werden. Laut einer aktuellen Studie liegt der Outsourcinganteil bei Logistikleistungen mittlerweile bei durchschnittlich 65% und es ist, aufgrund der weiterhin steigenden Komplexität der Umweltbedingungen, mit einer weiteren Steigerung zu rechnen.[140]

2.2.3.1 Begriff und Ziele des Outsourcings

Hinter dem Begriff **Outsourcing** verbirgt sich ein Kunstwort, das amerikanische Manager geprägt haben. Sie setzten die englischen Begriffe „outside" (außerhalb, draußen), „resource" (Mittel) und „using" (benutzen, gebrauchen) neu zusammen, um damit den Zugriff auf unternehmensfremde Ressourcen zu beschreiben.[141] Man kann demnach unter Outsourcing allgemein „...die Übertragung von bislang unternehmensintern erbrachten Leistungen auf unternehmensfremde Unternehmen verstehen, wobei diese für die Abwicklung der entsprechenden Prozesse die unternehmerische Verantwortung übernehmen".[142] Spezielle Verträge regeln die Dauer und den Gegenstand der Leistung.

Beim Outsourcing handelt es sich nicht um ein ganz neues Phänomen, denn schon in den 1950er Jahren begannen Unternehmen, einzelne Bereiche ihrer Tätigkeit (Produktionsschritte, administrative Prozesse oder ganze Strukturen) an Dritte auszulagern, um sich besser auf ihre Kernkompetenzen konzentrieren zu können. Was zunächst auf IT-Infrastrukturen oder auf IT-intensive Prozesse

---

139 Vgl. ebenda.

140 Vgl. Langley et al. 2007.

141 Vgl. Bühner/Tuschke 1997, S. 21; Koppelmann 1996, S. 2. sowie Vahrenkamp 2007a, S. 383.

142 Vahrenkamp 2007a, S. 383 nach Dillerup/Foschiani 1996, S. 39.

angewandt worden ist, wird mittlerweile in fast allen Branchen genutzt.[143] Im Folgenden werden die wesentlichen Motive, die mit dem Outsourcing verfolgt werden, sowie die Risiken des Outsourcings erläutert.

2.2.3.2 Chancen und Risiken des Outsourcings

Jedes Unternehmen bzw. Unternehmensnetzwerk muss vor einer Auslagerung genau prüfen, ob sich die externe Vergabe von Leistungen und Prozessen lohnt. Das Outsourcing von Logistikleistungen und -prozessen bringt zahlreiche positive Effekte bzw. Chancen mit sich, die sich folgendermaßen einteilen lassen in:[144]

- Strategische Chancen,
- Leistungssteigerungen,
- Kostenvorteile und
- personelle Vorteile.

- **Strategische Chancen**

Der Hauptvorteil des Outsourcings und damit die strategische Chance für ein Unternehmen bzw. Unternehmensnetzwerk liegt in der Serviceverbesserung für die Kunden durch die Konzentration auf die Kernkompetenzen. Outsourcing bietet die Möglichkeit der Entlastung von Aktivitäten, die für ein Unternehmen nur einen Randbereich darstellt, und hilft, die knappen Ressourcen (v.a. Personalressourcen, aber auch technische Infrastruktur) auf strategisch relevante Kompetenzfelder zu fokussieren. So ist es beispielsweise möglich, dass sich Mitarbeiter die bisher mit Randdienstleistungen beschäftigt waren, durch das Outsourcing auf ihre eigentlichen Aufgaben im Unternehmen konzentrieren können und eine Entlastung erfahren. Durch eine Auslagerung bestimmter

---

[143] Die Entscheidung von Eastman Kodak aus dem Jahr 1989, seine Datenverarbeitung und Kommunikationsnetze an DEC, IBM und Businessland outzusourcen, wird gemeinhin als Meilenstein angesehen, sich bewusst mit Outsourcing auseinander zu setzen. Vgl. Köhler-Frost 2005, S. 13f.

[144] Vgl. zum Folgenden Vahrenkamp 2007a, S. 385ff.

Aufgaben und Funktionen wird zudem die Komplexität der Organisations- und Infrastrukturen reduziert und somit eine strategische Neuausrichtung des Unternehmens bzw. Unternehmensnetzwerkes erleichtert. Dies ermöglicht es, schneller und flexibler auf die veränderten Markterfordernisse zu reagieren.[145] Somit ist es zum Beispiel in der Lage, sich schnell aus unrentablen Absatzmärkten zurückzuziehen, wenn es nicht in Gebäude oder Maschinen investiert hat. Ein weiterer strategischer Vorteil ergibt sich beim Outsourcing dadurch, dass ein Teil des unternehmerischen Risikos auf den Dienstleister übertragen werden kann.

- **Leistungssteigerung**

Wird die Fertigungstiefe reduziert, kann das Unternehmen bzw. Unternehmensnetzwerk durch Nutzung des speziellen Know-hows des Dienstleisters einen Wettbewerbsvorteil erlangen und eine Leistungsverbesserung in Bezug auf die Qualität der Logistikleistung verwirklichen.[146] Diese verbesserte Wettbewerbsposition führt nicht nur zu einer Kostensenkung, sondern in entscheidendem Maße auch zu Umsatz- und Erlössteigerungen und in der Folge zu einer Verbesserungen der Rendite.[147]

- **Kostenvorteile**

Das in der Literatur am häufigsten genannte Motiv für Outsourcing ist die Kostensenkung (z.B. aufgrund des hohen Wettbewerbs).[148] Die Fixkosten für Personal oder Maschinen werden gesenkt bzw. in variable Kosten umgewandelt, was gleichzeitig die Flexibilität erhöht. Dies trägt zu einer erheblichen Transparenz und Planbarkeit der Kosten bei, was wiederum das Kostenbewusstsein bei den Verantwortlichen schärft. Ferner wird weniger Kapital im Unternehmen

---

[145] Vgl. Dauppert/Jung 2008, S. 172.

[146] Vgl. Engelbrecht 2004, S. 21; Vgl. Dauppert/Jung 2008, S. 172.

[147] Vgl. Wullenkord 2005, S. 3.

[148] Vgl. z.B. Männel 1981, S. 41ff.; Dauppert/Jung 2008, S. 170.

bzw. Unternehmensnetzwerk gebunden, da z.B. für bestimmte Tätigkeiten keine IuK-Technologien angeschafft werden müssen.

Der Logistikdienstleister hat in den ihm übertragenen Tätigkeiten seine Kernkompetenz. Das versetzt ihn in die Lage, diese Leistungen besser und wirtschaftlicher zu erbringen als das Unternehmen bzw. Unternehmensnetzwerk, welches die Leistung ausgelagert hat. D.h. es ergeben sich Effizienz- und Qualitätssteigerungen durch professionelle Dritte. Da der Logistikdienstleister häufig für mehrere Kunden tätig ist, ergeben sich in diesem Fall „economies of scale“. Der Logistikdienstleister hat durch die Bündelung mehrerer Kundenaufträge die Möglichkeit eines Volumenzuwachses und somit die Chance zur Realisierung von Skalenerträgen.

- **Personelle Vorteile**

Personelle Vorteile ergeben sich aus der erhöhten Flexibilität durch die geringere Bindung personeller Ressourcen, aus der Freistellung von Managementkapazitäten für andere Aufgaben, d.h. Befreiung von Aufgaben der Personalbeschaffung und des Personalmanagements sowie allgemein aus der Entlastung des Managements durch die Reduktion der Unternehmenskomplexität und des unternehmerischen Risikos.

Diesen potenziellen Vorteilen stehen allerdings auch einige Risiken gegenüber. Diese lassen sich analog einteilen in:[149]

- Strategische Risiken,
- Leistungsbezogene Risiken,
- Kostenmäßige Risiken und
- personelle Risiken.

---

[149] Vgl. zum Folgenden Vahrenkamp 2007a, S. 387ff.

- **Strategische Risiken**

Das strategische „Hauptrisiko“ des Outsourcings wird in der Abhängigkeit von einem externen Dienstleister gesehen.[150] Diese Gefahr steigt mit der Spezifität der Leistung, die vergeben wird. Eng verbunden mit der Abhängigkeit sind die hierbei entstehenden (Transaktions-)Kosten (sowie andere Folgen), wenn z.B. ein einmal umgesetztes Outsourcing rückgängig gemacht werden soll, weil die Zusammenarbeit mit einem Outsourcing-Partner nicht zum gewünschten Erfolg geführt hat.[151] Ein erneuter Aufbau der Infrastruktur gestaltet sich mittelfristig schwierig, wenn man sich von einem Outsourcing-Partner trennen will bzw. muss. Somit ergibt sich in den meisten Fällen eine starke Bindung zu dem Outsourcing-Partner, einhergehend mit einem Verlust von Entscheidungs- und Gestaltungsspielräumen, die stets mit einer Verringerung der Einflussmöglichkeiten auf die Leistungserbringung verbunden sind. Außerdem befürchten viele Unternehmen, durch Outsourcing ihr spezifisches Know-how zu verlieren, welches für die unternehmensinterne Erbringung der nun fremdbezogenen Leistung notwendig ist. Betriebsgeheimnisse lassen sich somit nicht mehr geheim halten. Des Weiteren spielt opportunistisches Verhalten der Partner eine große Rolle.[152] Ein weiteres Problem könnte sich durch unterschiedliche Unternehmenskulturen der Netzwerkpartner ergeben.

- **Leistungsbezogene Risiken**

In Bezug auf die Leistung ergeben sich insbesondere Risiken aus dem mit dem Kapazitätsabbau gleichzeitig verbundenen Know-how-Verlust durch die Aufgabe der Selbsterstellung der Leistung. Dieser Know-how-Verlust trägt wesentlich zur angesprochenen Irreversibilität der Outsourcing-Entscheidung bei.[153] Weitere Probleme können durch die notwendig gewordene Überwindung räumlicher Distanzen sowie aus der Störung zusammengehöriger Prozesse entstehen. Bei

---

150 Vgl. Engelbrecht 2004, S. 21.

151 Vgl. Bruch 1998, S. 35.

152 Vgl. Engelbrecht 2004, S. 21.

153 Vgl. ebenda.

mangelnder oder nachlassender Qualifikation des Dienstleisters können zudem (unter Umständen erst nach einer gewissen Zeit) Qualitätsprobleme in Bezug auf die erbrachten Leistungen entstehen.[154] Diese Gefahr besteht insbesondere dann, wenn Logistikleistungen (z.B. Auftragsabwicklung) in Niedriglohnländer verlagert werden.

- **Kostenmäßige Risiken**

Durch das Outsourcing von Dienstleistungen ergeben sich immense Transaktions- und Umstellungskosten, die häufig unterschätzt werden, aber das größte kostenmäßige Risiko darstellen. Bereits vor Beginn einer Outsourcing-Partnerschaft entstehen Transaktionskosten in Form von Kosten der Informationsbeschaffung und des Vertragsabschlusses. Outsourcing ist ein Vertrauensgut. Die Suche nach einem passenden, zuverlässigen Partner gestaltet sich daher sehr aufwändig und schwierig.[155] Die Anbahnungskosten, die insb. die Suchkosten und die Kosten der Vertragsverhandlung umfassen, stellen außerdem einen nicht zu unterschätzenden Kostenfaktor dar.[156] Bei bestehender Partnerschaft kommt es dann zu Transaktionskosten, die sich aus der anschließenden Überwachung des Outsourcing-Partners ergeben.[157] Nach der Durchführung von Outsourcing-Maßnahmen ergeben sich weitere (ungewollte) Kostensteigerungen durch eine falsche Einschätzung der Kosten der Eigenerstellung und damit des Kostensenkungspotenzials des Fremdbezugs. Diese Kosten ergeben sich aufgrund mangelnder Kostentransparenz der internen Leistungserstellung. Eine mangelnde interne Kosten- und Leistungstransparenz kann auch zu einer falschen Bezugsgrößenbestimmung bei der Festsetzung des Entgelts für die Dienstleistungen und dadurch bedingten Kostenerhöhungen statt Kostensenkungen führen. Die erwarteten Kosteneinsparungen lassen sich aufgrund der in der Regel nicht sofortigen Abbaubarkeit aller Fixkosten meist erst mittel- bis langfristig realisieren. Ein kostenmäßiger Erfolg einer Out-

---

[154] Vgl. Dauppert/Jung 2008, S. 174.

[155] Vgl. Herrmann/Vollmer/Meyrahn 2001, S. 145-159.

[156] Vgl. Picot/Maier 1992, S. 20f.

sourcing-Maßnahme ergibt sich demnach erst dann, wenn es gelingt, die durch die Fremdvergabe freigewordenen Personalkapazitäten auch tatsächlich abzubauen. Des Weiteren ergibt sich ein zusätzlicher Koordinationsaufwand, der nicht zuletzt in den verringerten Möglichkeiten informeller Kommunikation begründet ist. Schließlich sind Preiserhöhungen von Seiten des Dienstleisters je nach Ausgestaltung des Dienstleistungsvertrages nicht ganz auszuschließen. Ein weiterer Nachteil ist der hohe Abstimmungsbedarf, der gerade beim Offshoring hohe Transaktionskosten entstehen lässt, wenn Unternehmen bzw. Unternehmensnetzwerke bestimmte Aktivitäten weltweit auslagern. Es entsteht trotz E-Mail und Video-Konferenz ein erhöhter Kommunikationsbedarf, um die Kommunikation im Unternehmen aufrecht zu erhalten. Kulturelle Differenzen und eventuelle Sprachbarrieren sorgen für zusätzliche Schwierigkeiten.

- **Personelle Risiken**

Im personellen Bereich können Probleme dadurch entstehen, dass die Mitarbeiter befürchten, durch einen drohenden oder schleichenden Personalabbau, ihren Arbeitsplatz zu verlieren. Dementsprechend leidet das Betriebsklima unter dem Outsourcing, da die Mitarbeiter verunsichert sind und sich Misstrauen sowie Demotivation ausbreiten.[158] Dies kann dazu führen, dass mit erheblichen Unruhen und Widerständen des Personals gegen geplante Outsourcing-Maßnahmen zu rechnen ist. Eine Folge ist, dass sich erhebliche Effizienzverluste einstellen, weil die Motivation und das Vertrauen der Mitarbeiter schwinden.

Nachdem die Vor- und Nachteile des Outsourcing bekannt sich, sollte das Unternehmen bzw. Unternehmensnetzwerk zwei Fragen zwingend beantworten:

1. Was soll „outgesourct“ werden, d.h. welche Aufgaben sollen an Externe vergeben werden?

---

[157] Vgl. zu den Transaktionskosten Kapitel 2.3.1.

2. An wen sollen die Aufgaben vergeben werden, d.h. wer kommt als Vertragspartner in Frage?

Bei Kreditinstituten, die in Bezug auf das Risikomanagement eine Vorbildfunktion für die Logistik in Unternehmensnetzwerken einnehmen, ist die Frage 1 durch § 25a Abs. 2 KWG (bzw. MaRisk AT9) deutlich eingeschränkt.[159]

Demnach sind bei Kreditinstituten grundsätzlich alle Aktivitäten und Prozesse auslagerbar, solange dadurch die Ordnungsmäßigkeit der Geschäftsorganisation gemäß § 25a Abs. 1 KWG nicht beeinträchtigt wird. Die Auslagerung darf bei Kreditinstituten nicht zu einer Delegation der Verantwortung der Geschäftsleitung führen. Hierzu zählen u.a. die Unternehmensplanung (Festlegung der Strategie), -koordination, -kontrolle und die Besetzung der Führungskräfte.

Auf der Grundlage einer Risikoanalyse muss jedes Kreditinstitut eigenverantwortlich festlegen, welche Auslagerungen von Aktivitäten und Prozessen unter Risikogesichtspunkten wesentlich sind (wesentliche Auslagerungen). Sofern sich die Risikosituation des Kreditinstitutes wesentlich ändert, ist die Analyse erneut durchzuführen.

Die mit wesentlichen Auslagerungen verbundenen Risiken sind von den Kreditinstituten angemessen zu steuern und zu überwachen. Dies beinhaltet auch eine regelmäßige Beurteilung der Leistung anhand vorzuhaltender Kriterien. Für die Steuerung und Überwachung sind dabei klare Verantwortlichkeiten festzulegen.

Ferner müssen Kreditinstitute in den Auslagerungsverträgen u.a. die nachfolgenden Punkte explizit definieren:

a) Spezifizierung der vom Auslagerungsunternehmen zu erbringenden Leistung,

---

[158] Vgl. Dauppert/Jung 2008, S. 176.

[159] Vgl. BaFin 2007a, AT 9 Tz. 1 bis Tz. 9, S. 12.

b) Festlegung von Informations- und Prüfungsrechten von internen und externen Prüfern und (soweit erforderlich) Weisungsrechte,
c) Regelungen, die sicherstellen, dass datenschutzrechtliche Bestimmungen beachtet werden,
d) Kündigungsrechte und angemessene Kündigungsfristen,
e) Regelungen über die Möglichkeit und über die Modalitäten einer Subauftragsvergabe die sicherstellen, dass die bankaufsichtsrechtlichen Anforderungen eingehalten werden,
f) Verpflichtung des Auslagerungsunternehmens das Institut über Entwicklungen zu informieren, die die ordnungsgemäße Erledigung der ausgelagerten Aktivitäten und Prozesse beeinträchtigen können.

Die Beantwortung der Frage 2 lässt sich sowohl für Kreditinstitute als auch für Unternehmensnetzwerke nicht eindeutig beantworten. Die Auswahl eines geeigneten Outsourcing-Partners verursacht, wie beschrieben, Kosten in Form von Anbahnungskosten, Vertragskosten, etc. Gerade in einem Unternehmensnetzwerk können zusätzlich zu den Kosten bei der Suche und Auswahl Abstimmungs- und Koordinationsprobleme auftauchen. Im weiteren Verlauf der Arbeit wird noch einmal ausführlich in Kapitel 5.1.7 auf das Outsourcing eingegangen.

2.2.4 Supply Chain Management

Moderne Produktions- und Distributionssysteme zeichnen sich durch arbeitsteilige Prozesse und tief gestaffelte Zuliefererketten aus, die zahlreiche Knoten in einem logistischen Netzwerk durchlaufen, bevor die Ware beim Konsumenten eintrifft. Diese Knoten bestehen aus Zulieferern, Produzenten, Großhändlern, Speditionen, Lagerhäusern und Warenverteilzentren, Logistik-Dienstleistern und Filialen des Einzelhandels.[160]

---

[160] Vgl. Vahrenkamp 2007, S. 24.

In der „klassischen“ Logistik werden die einzelnen Teilnehmer des logistischen Netzwerks isoliert ohne Systemzusammenhang verstanden. Bei jedem einzelnen Netzwerkteilnehmer werden einzelwirtschaftliche Entscheidungskalküle bezüglich der Beschaffung, der Leistungserstellung und des Absatz angenommen, ohne allerdings eine Koordination im gesamten Netzwerk anzustreben.[161]

Erst seit Mitte der 1980er Jahre werden Netzwerke als Ganzes unter dem Begriff **Supply Chain** subsumiert.[162] Es gibt eine Vielzahl von Definitionen und Beschreibungen für den Begriff Supply Chain.[163] Synonym werden die Begriffe Logistikkette[164], Wertschöpfungskette, Logistiknetzwerk[165], Lieferkette, Absatzpartnerschaft oder Versorgungskette verwendet.[166]

Unter dem Begriff **Supply Chain** kann daher zusammenfassend ein vertikal ausgerichtetes Wertschöpfungs- bzw. Unternehmensnetzwerk von kooperierenden Unternehmen verstanden werden, die durch Austauschbeziehungen innerhalb der Material-, Informations- und Finanzflüsse sowie sozialen und institutionellen Austauschprozesse dauerhaft zusammen arbeiten.[167] Teilnehmer an einer Supply Chain sind alle Unternehmen, die an der Entwicklung, Fertigung und Lieferung eines Produktes oder einer Dienstleistung beteiligt

---

161 Vgl. ebenda.

162 Vgl. ebenda.

163 Vgl. z.B. Christopher 1998, S. 15; Supply Chain Council 2006 S. 2; Vahrenkamp 2007, S. 24.

164 Verglichen mit der Logistikkette, ist eine Supply Chain nach Werner, das umfassendere Konzept. Während eine Logistikkette auf die interne wie die externe horizontale Verzahnung von Unternehmensbereichen zielt, umspannt ein Supply Chain Management komplette vertikale Netzwerke. Dabei bedient sich das Supply Chain Management zur Wahrnehmung der Aktivitäten von Versorgung, Entsorgung und Recycling tradierter Logistikfunktionen (Beschaffungs-, Produktions-, Distributions-, Informations- und Entsorgungslogistik). Werner 2007, S. 18.

165 Vgl. Ziegenbein 2007, S. 7.

166 Vgl. Vahrenkamp 2007, S. 24; Kajüter 2007, S. 15 sowie die dort angegebene Literatur; Göpfert 2004, S. 28.

167 Vgl. Pfohl/Gallus/Köhler 2008, S. 19; Götze/Mikus 2007, S. 29; Corsten/Gossinger 2001, S. 83. Das Netzwerk besteht dabei aus Zulieferern, Produktionsstandorten, Transportdienstleistern, Lagerhäusern, Distributionszentren und einer Händlerorganisation sowie aus Rohmaterial, Halbfertigerzeugnissen und Fertigwaren, die zwischen den einzelnen Unternehmen fließen. Vgl. Kersten/Hohrath/Winter 2008, S. 9 nach Simchi-Levi et al. 2004, S. 1.

sind. Jedes Unternehmen bedient sich dabei seiner Kernkompetenzen.[168] Diese unternehmensübergreifende Zusammenarbeit beschränkt sich nicht nur auf die Interaktion mit Rohstofflieferanten, sondern beinhaltet auch die erforderlichen Koordinationsaufgaben mit den Endkunden[169] mit dem Ziel, die Effizienz und Effektivität[170] der einzelnen Unternehmen zu erhöhen.[171]

Das **Supply Chain Management** (SCM) (synonym: Wertschöpfungsprozess[172] oder Wertschöpfungskettenmanagement[173]) als das Management unternehmensübergreifender Wertschöpfungssysteme kann als Oberbegriff zur Gestaltung und Koordination von unternehmensinternen und -übergreifenden Geschäftsprozessen und damit als Oberbegriff für die Optimierung der Supply Chain angesehen werden.[174] Es umfasst demzufolge die ganzheitliche Planung, Gestaltung und Steuerung der Material-, Informations- und Geldflüsse sowie die sozialen und institutionellen Austauschbeziehungen der zu erbringenden Wertschöpfungsaktivitäten über alle Unternehmensbereiche und Wirtschaftsstufen von den Lieferanten bis zum Endkunden.

Die unternehmensübergreifenden Ziele der Zusammenarbeit in einer Supply Chain sind demnach:[175]

---

168 Vgl. Ziegenbein 2007, S. 1; Beckmann 2003, S. 1.

169 Vgl. Busch/Dangelmaier 2004, S. 4; Werner 2007, S. 25

170 Effektivität bedeutet, die richtigen Dinge zu tun (Doing the right Things). Effizienz meint, die Dinge richtig zu tun (Doing the Things right). Die Effektivität ist strategisch geprägt, und sie orientiert sich an der Erfolgswirksamkeit von Handlungen. Eine Effizienz bezieht sich auf die Erzielung einer günstigen Kosten-Nutzen-Relation strategisch definierter Maßnahmen, sie ist operativ ausgelegt. Das primäre Anliegen im Supply Chain Management besteht darin, die richtigen Dinge richtig zu tun. Werner 2007, S. 25

171 Vgl. Kajüter 2007, S. 15 sowie die dort angegebene Literatur; Vahrenkamp/Siepermann 2007, S. 5.

172 Werner 2007, S. 10

173 Schönsleben 2004, S. 83

174 Vgl. Vahrenkamp 1998; Busch/Dangelmaier 2004, S. 4; Ziegenbein 2007, S. 1; Christopher 2005, S. 5.

175 Vgl. Vahrenkamp 2007, S. 25f.; Kersten et al. 2006, S. 3; Pfohl/Gallus/Köhler 2008, S. 19; Beckmann 2003, S. 3; Supply Chain Council 2005, S. 7; Busch/Dangelmaier 2004, S. 8;

- Zeitoptimierung,
- Kostenreduktion,
- Kundenwertsteigerung und
- Steigerung des Wettbewerbspotenzials aller Unternehmen in der Wertschöpfungskette.

Hierbei richtet sich das Supply Chain Management an den klassischen logistischen Zielen[176] aus und fasst diese in einer moderneren Sichtweise zusammen.

Es können sich allerdings Zielkonflikte ergeben:

- Einerseits innerhalb eines Unternehmens (z.B. Bestandsabbau und Lieferbereitschaft) und
- andererseits auch zwischen den Unternehmen (z.B. Kapazitätsauslastung eines Zulieferers mit Materialbeschaffungszeit beim Hersteller).

Die Supply Chain Ziele stellen den Ausgangspunkt eines Supply Chain Risikomanagements dar.[177] Die an der Supply Chain beteiligten Unternehmen müssen daher ihre Risiken vor dem Hintergrund der Zielbeeinflussung identifizieren, bewerten, messen, steuern etc.[178] Da es allerdings, wie beschrieben, zu Zielkonflikten innerhalb der Supply Chain kommen kann, müssen einige Voraussetzungen geschaffen werden:[179]

- Festlegung einer einheitlichen Strategie und einheitlicher Ziele,

---

Corsten/Gössinger 2001, S. 95; Werner 2007, S. 25; Wildemann 2008a, S. 201; ähnlich auch die häufig verwendete Definition von Scholz-Reiter/Jakobza 1999, S. 8.

176 Das Ziel der Logistik liegt in der Sicherstellung, dass ein gewünschter Bedarf an Gütern anforderungsprofilgerecht befriedigt wird. Vgl. Weber 1987, S. 85. Anforderungsprofilgerecht bedeutet, dass die Logistik letztendlich dafür sorgt, dass die R's der Logistik einhalten werden: d.h., dass das richtige Produkt/die richtige Ware bzw. die richtige Leistung, in der richtigen Menge, in der richtigen Qualität, zur richtigen Zeit, zu den richtigen Kosten, am richtigen Ort, mit den richtigen Informationen/Daten für den richtigen Kunden zur Verfügung steht. Vgl. Koether 2008; Jetzke 2007; Jünemann 1989, Plowman 1964; Ehrmann 2003.

177 Vgl. Pfohl/Gallus/Köhler 2008, S. 20.

178 Vgl. Pfohl/Gallus/Köhler 2008, S. 21.

179 Vgl. Ziegenbein 2007, S. 14.

- Aufbau einer kooperativen Partnerschaft mit Vertrauen und ohne Opportunismus,
- Verringerung der Informationsasymmetrien und
- Schaffung von Transparenz.[180]

Wie ein angemessenes und wirksames Risikomanagement in der Supply Chain ausgestaltet sein muss, wird im weiteren Verlauf der Arbeit ausführlich beschrieben.

2.3 Institutionenökonomische Betrachtung von Unternehmensnetzwerken

Theorien verfolgen den Zweck der Orientierung in einer komplexen Wirklichkeit. Bestimmte Faktoren werden hierzu problemabhängig hervorgehoben, andere dagegen vernachlässigt. Abstrakt betrachtet kann man den Erkenntnisgewinn einer Theorie mit einem Lichtkegel eines Scheinwerfers vergleichen, der nur bestimmte Bereiche einer nächtlichen Landschaft erhellt, andere dafür im Dunkeln belässt. Keine Theorie kann somit alles erklären, sondern nur einzelne Wirkungszusammenhänge innerhalb des von ihr „erhellten" Ausschnittes.[181] Im Ergebnis ergibt sich eine theoretische Hilfestellung zur Lösung eines Praxisproblems.[182]

Im Mittelpunkt der Neuen Institutionenökonomik steht allgemein die Frage nach der Entstehung und der effizienten Gestaltung wirtschaftlicher Institutionen im Hinblick auf die Koordination arbeitsteiliger Aufgaben.[183] Sie umfasst drei verschiedene (einander ergänzende) zentrale Forschungsrichtungen:[184]

- die Theorie der Verfügungsrechte (Property Rights Theory),
- die Transaktionskostentheorie (Transaction Cost Economics) und
- die Agenturtheorie (Agency Theory).

---

[180] Vgl. Kersten/Hohrath/Winter 2008, S. 14.

[181] Picot et al. 2008, S. 24.

[182] Vgl. Straube 2004, S. 12.

[183] Vgl. Picot et al. 2003, S. 34.

Gemeinsamer Ausgangspunkt institutionenökonomischer Überlegungen ist – zurückgehend auf die Arbeiten von Coase und Williamson – die Betrachtung von Märkten und Hierarchien als grundlegende Modelle der wirtschaftlichen Leistungskoordination.[185] Im Mittelpunkt institutionenökonomischer Ansätze stehen Institutionen und ihre Auswirkungen auf das menschliche Verhalten.[186]

2.3.1 Konzeption der Transaktionskostentheorie

Die Transaktionskostentheorie bildet, wie bereits erläutert, einen Pfeiler der Neuen Institutionenökonomik. Für die vorliegende Arbeit bietet die Transaktionskostentheorie den Vorteil der ausdrücklichen Einbeziehung der Koordinationsform und deren Ausgestaltung als Gestaltungsvariable.

Die Transaktionskostentheorie wurde von Williamson auf der Basis grundlegender Überlegungen von Coase entwickelt.[187] Coase ging in seinem Artikel „The Nature of the Firm" aus dem Jahr 1937 der Frage nach, aus welchen Gründen sich zur Abwicklung wirtschaftlicher Aktivitäten, neben Märkten auch Unternehmen finden.[188] Williamson weitete den Betrachtungsbereich der Theorie von einer strengen Teilung zwischen Markt und Unternehmen auf sog. hybride Zwischenformen wie z.B. Netzwerke aus.[189]

---

184 Vgl. z.B. Ebers/Gotsch 2006, S. 247f.; Blum et al. 2005, S. 45.

185 Vgl. Coase 1937; Williamson 1975.

186 Vgl. Picot et al. 2008, S. 45f.

187 Man kann bei der Transaktionskostentheorie nicht von einer vollständig geschlossenen und einheitlichen Theorie sprechen. Vgl. Döring 1998, S. 28 sowie Picot 1982, S. 268.

188 Vgl. 1937. Coase wollte herausfinden, warum zwei unterschiedliche Koordinationsmechanismen parallel wirken. Einerseits der Preismechanismus auf Märkten und andererseits Pläne in hierarchischen Unternehmen. Die Lösung fand er in den unterschiedlichen Kostenwirkungen, die mit der Nutzung der jeweiligen Koordinationsmechanismen verbunden sind: „The main reason why it is profitable to establish a firm would seem to be that there is a cost of using the price mechanism." 1937, S. 390.

189 Vgl. 1975; 1985. Je nach Merkmalsausprägung ergeben sich Vorteile für die eine oder die andere Koordinationsform. Williamson wird als der eigentliche Begründer der Transaktionskostentheorie angesehen und gilt als wichtigster Vertreter dieses Ansatzes. Aus diesem Grund beziehen sich die nachfolgenden Ausführungen hauptsächlich auf die Arbeiten von Williamson. Vgl. auch Döring 1998, S. 28

Die Transaktionskostentheorie verfolgt das Ziel, einen Bezugsrahmen für die Bewertung alternativer und damit grundsätzlich wählbarer Koordinationsformen zu schaffen. Es wird der Frage nachgegangen, „...warum bestimmte Transaktionen in bestimmten **institutionellen Arrangements** mehr oder weniger effizient abgewickelt und organisiert werden."[190]

Dabei geht es in der Transaktionskostentheorie nicht darum, eine vollständige Erklärung institutioneller Arrangements zu geben, sondern vielmehr um die Identifikation und Erklärung wichtiger Faktoren und grundlegender institutioneller Gestaltungsalternativen.[191]

Als **institutionelle Arrangements** werden danach **Markt** und **Hierarchie**, sowie sog. Hybridformen wie Netzwerke unterschieden.[192] Das wesentliche Effizienzkriterium in der Transaktionskostentheorie ist der möglichst sparsame Einsatz knapper Ressourcen. Im Mittelpunkt der Transaktionskostentheorie steht als Untersuchungseinheit die einzelne Transaktion.[193] In der Transaktionskostentheorie erfolgt somit ein Kostenvergleich alternativer institutioneller Arrangements von Organisationen.[194]

---

190 Vgl. auch zum Folgenden Ebers/Gotsch 2006, S. 277. Vgl. dazu auch Williamson 2000, S. 597.

191 Vgl. Williamson 1993, S. 125ff. sowie Williamson 1996a, S. 8, Fußnote 3.

192 Vgl. dazu Williamson 1975; Williamson 1980, S. 5-38; Williamson 1981a, S. 1537-1568; Williamson 1990 und Williamson 1991, S. 159-187.

193 Vgl. Ebers/Gotsch 2006, S. 277; Coase 1937, Williamson 1975, 1979, 1981a, 1990, 1993, Picot 1982, 1985, 1986, 1991. Bisher fehlt, ebenso wie für die darauf basierenden Transaktionskosten, eine exakte Definition für die Transaktion. Vgl. Picot 1982, S. 270; Welker 1993, S. 67; Terberger 1994, S. 125. Nach Williamson spricht man von einer Transaktion, wenn eine materielle oder immaterielle Leistung (Sachen, Dienstleistungen, Nutzungs- und Verfügungsrechte) über eine technisch trennbare Schnittstelle übertragen wird. Williamson 1996a, S. 12., Williamson 1981b, S. 552 und vgl. Bonus/Ronte 1992, S. 195. Im Folgenden wird auf die Begriffsdefinition von Williamson zurückgegriffen, da es sich hierbei um „die gebräuchlichste (...) Definition" der Transaktion handelt. Göbel 2002, S. 132. Für eine andere Begriffsdefinitionen vgl. z.B. Commons, der unter Transaktion die Übertragung von Verfügungsrechten in einem Leistungsaustauschprozess versteht. 1934, S.4ff.

194 Synonym kann man auch von Unternehmen bzw. Unternehmensnetzwerken sprechen. Vgl. Ebers/Gotsch 2006, S. 277.

Zur Bewertung der Vorteilhaftigkeit werden die Produktions- sowie Transaktionskosten[195], die im Rahmen der Übertragung von Handlungs- und Verfügungsrechten während der einzelnen Phasen einer Transaktion entstehen, untersucht.[196] Die Transaktionskosten sind dabei die zentralen Bestimmungsfaktoren für die Wahl der Koordinationsform. Nach Williamson können Transaktionskosten auch als ökonomisches Gegenstück zur physikalischen Reibung bezeichnet werden.[197] Man kann sie zunächst als Kosten der Verwirklichung von Transaktionen im Sinne einer Leistungsübertragung über Schnittstellen verstehen. Diese umfassen die Aktivitäten der Vorbereitung, Durchführung und Kontrolle einer Leistungsübertragung.[198]

Die Transaktionskostentheorie unterscheidet dabei grundsätzlich in **Ex-ante-** und **Ex-post-Transaktionskosten**:[199]

- Ex-ante-Transaktionskosten umfassen die Kosten der Leistungen, die zum Abschluss einer vertraglichen Vereinbarung führen, insbesondere also Anbahnungs-, Vereinbarungs- und Abwicklungskosten. Unter die Anbahnungskosten fallen alle Kosten für die Informationssuche und -beschaffung über potenzielle Transaktionspartner sowie über deren Konditionen (z.B. Reise-,

---

195 Vgl. Jost 2004, Sp. 1452. In einer einfachen, allerdings nicht völlig trennscharfen Unterscheidung zwischen Transaktions- und Produktionskosten werden die Transaktionskosten als Kosten (erlittene Nachteile) der Leistungsübertragung über Schnittstellen verstanden. Sie sind Ausdruck arbeitsteilig strukturierter Leistungsbeziehungen auf Märkten oder in Organisationen. Demgegenüber stellen die Produktionskosten die Kosten dar, die durch reine Ausführungshandlungen zur Erstellung von Gütern und Dienstleistungen führen. Vgl. z.B. Matje 1996, S. 76; Weichselbaumer 1998, S. 152; Martiensen 2000, S. 274. Für eine ausführliche Abgrenzung zwischen Transaktions- und Produktionskosten vgl. z.B. Matje 1996, S. 76; Weichselbaumer 1998, S. 152; Martiensen 2000, S. 274 sowie Wegehenkel 1980, S. 15-17.

196 Vgl. Ebers/Gotsch 2006, S. 277.

197 Vgl. Williamson 1996a, S. 12 und S. 75.

198 Vgl. Picot 1985, S. 224.

199 Vgl. Williamson 1990, S. 22ff. Manche Autoren differenzieren zusätzlich zwischen internen und externen Transaktionskosten. Externe Transaktionskosten bezeichnen die Kosten der marktlichen Koordination. Interne Transaktionskosten sind hingegen die Kosten der hierarchischen Koordination. Vgl. Gümbel 1985, S. 151; Mandewirth 1997, S. 41 sowie Wegehenkel 1980, S. 6ff. Kritisch anzumerken ist jedoch, dass eine Transaktion zwischen Vertragspartnern immer einen externen bzw. marktlichen Bezug annimmt und daher die Unterscheidung gegenstandslos wird. Vgl. hierzu Michaelis 1985, S. 91, Brand 1990, S. 107 und

Kommunikations-, Beratungskosten, bestimmte Gemeinkosten von Einkauf, Vertrieb, Entwicklung und Fertigungsvorbereitung). Vereinbarungskosten sind Kosten für die Verhandlungen über die Transaktion sowie mitunter deren vertragliche Fixierung (z.B. Rechtsberatung, Kosten der Abstimmung und Planung). Abwicklungskosten entstehen für die eigentliche Durchführung der Transaktion (z.B. Kosten der Führung und Koordination).[200]

- Ex-post-Transaktionskosten umfassen alle Kosten, die nach Vertragsschluss für die Kontrolle und eventuelle Anpassung der vertraglichen Vereinbarung entstehen, wie z.B. Kosten der Überwachung und Absicherung der Einhaltung der Vereinbarungen (Sicherstellung der Einhaltung von Termin-, Qualitäts-, Mengen- und Preis- sowie eventuellen Geheimhaltungsvereinbarungen und Einhaltung des Vertrags) oder Kosten der Lösung von Konflikten, über die Interpretation und Erfüllung der Vereinbarungen (Kosten für die Durchsetzung von Termin-, Qualitäts-, Mengen- und Preisänderungen aufgrund veränderter Bedingungen während der Laufzeit von Vereinbarungen). Nachverhandlungskosten beinhalten dagegen alle Kosten, die infolge von notwendigen Nachverhandlungen aufgrund unvorhersehbarer Umstände entstehen.[201] In der Transaktionskostentheorie wird besonders die Bedeutung von Ex-post-Transaktionskosten hervorgehoben.[202]

Das institutionelle Arrangement der Transaktionskostentheorie umfasst **zwei Dimensionen.**[203]

Die **erste Dimension** stellt der Vertrag dar, der die Austauschbeziehung zwischen den Parteien explizit oder implizit begründet und definiert. Aufgrund der Tatsache, dass nicht alle denkbaren Probleme einer Austauschbeziehung in einem Vertrag antizipiert werden können, sind Verträge somit oft unvollstän-

---

Mandewirth 1997, S. 41. Im weiteren Verlauf der Arbeit wird dieser Kritik gefolgt und keine Trennung zwischen internen und externen Transaktionskosten vorgenommen.

200 Vgl. Ebers/Gotsch 2006, S. 278.

201 Vgl. Matje 1996, S. 76-81; Ebers/Gotsch 2006, S. 278.

202 Vgl. Ebers/Gotsch 2006, S. 277f.

203 Vgl. zu den nachfolgenden Ausführungen Ebers/Gotsch 2006, S. 277.

dig.[204] Die **zweite Dimension** bilden daher Mechanismen, die von den Vertragspartnern vereinbart werden, um auf möglicherweise auftretende, unvorbereitete Veränderungen der Kosten- und/oder Leistungsseite der Austauschbeziehung reagieren zu können.

In der Transaktionskostentheorie wird somit nicht nur auf die Gestaltung der Ex-ante-Anreizstruktur eingegangen, sondern auch auf institutionelle Regelungen, die der Durchsetzung, Absicherung und Anpassung von Transaktionen ex post dienen und versucht diese zu erklären. Hierzu gehören beispielsweise Sicherheitsleistungen, Steuerungs- und Kontrollmechanismen sowie Konfliktlösungs- und Anpassungsmechanismen.[205] Die hohe Bedeutung der Ex-post-Absicherungen der Verträge ergibt sich unmittelbar aus den Annahmen zum Verhalten der Transaktionspartner, die der Transaktionskostentheorie zugrunde liegen, sowie den nachfolgend dargestellten Transaktionscharakteristika.[206]

2.3.2 Charakterisierung der Akteure

Nach Williamson ist es für die Analyse von Organisationen erforderlich, die Akteure so zu berücksichtigen, wie sie wirklich sind. Daher hebt er die besondere Bedeutung der Verhaltensannahmen hervor.[207] In der Transaktionskostentheorie erfolgt die Charakterisierung der Akteure durch **drei Verhaltensannahmen**.[208]

1. Begrenzte Rationalität,
2. Opportunismus und
3. Risikoneigung.

---

204 Vgl. Ehrmann 1991, S. 526; Williamson 1996a, S. 7ff. Die Unvollständigkeit der Verträge ergibt sich aus der Verhaltensannahme der begrenzten Rationalität. Vgl. dazu auch Erlei/Jost 2001, S. 46ff. sowie auch die nachfolgenden Ausführungen.

205 Vgl. Ebers/Gotsch 2006, S. 279.

206 Vgl. Ebers/Gotsch 2006, S. 279.

207 Vgl. Williamson 1990, S. 49f. und Williamson 1996a, S. 5.

208 Vgl. zu den nachfolgenden Ausführungen Williamson 1990, S. 49f. und S. 325f.; Williamson 1996a, S. 5f.; sowie Berger/Bernhard-Mehlich 2002, S. 140 und Ebers/Gotsch 2006, S.

- **Begrenzte Rationalität**

Die **erste Verhaltensannahme** unterstellt den Akteuren **begrenzte Rationalität**. Unter Berücksichtigung der Grenzen menschlicher Informationsverarbeitungsfähigkeit besitzen die Individuen nur äußerst unvollständige Informationen über die Umwelt, die Handlungsalternativen und die Handlungsfolgen. Die Transaktionskostentheorie geht allerdings davon aus, dass die Wirtschaftssubjekte durchaus beabsichtigen, rational zu handeln[209], aber aufgrund unvollständiger Informationen nur in begrenztem Umfang dazu fähig sind.[210]

Nach Simon gibt es drei Gründe für die begrenzte Rationalität der Akteure.[211]

1. Die Vertragspartner werden nie die Möglichkeit haben, alle theoretisch denkbaren Entscheidungsalternativen mit in ihre Entscheidung einzubeziehen.
2. Für den Fall, dass es den Vertragspartnern doch gelingt, alle Entscheidungsalternativen in ihre Entscheidung mit einzubeziehen, würde das Problem bestehen, dass sie nicht über ein ausreichendes Wissen über die Bedingungen, die die Konsequenzen von Entscheidungsalternativen beeinflussen, verfügen.
3. Selbst wenn es den Vertragspartnern gelingen würde, alle Entscheidungsalternativen und alle dazugehörigen Konsequenzen zu berücksichtigen, hätten sie das Problem, die zukünftigen Ereignisse bei deren Eintritt zu bewerten.

---

279. Das Konzept der begrenzten Rationalität hat Williamson von Herbert A. Simon übernommen. Vgl. Williamson 1990, S. 51f. und Williamson 1996a, S. 6f.

209 Menschliches Verhalten ist nach Simon „intendedly rational, but only limited so". Simon 1961, S. xxiv.

210 „The capacity of the human mind for formulating an solving complex problems is very small compared with the size of the problems whose solutions are required for objectively rational behavior in the real world." Simon 1957, S.198. Vgl. auch Berger/Bernhard-Mehlich 2002, S. 140.

211 Vgl. Berger/Bernhard-Mehlich 2002, S. 140f. nach Simon 1976, S. 81f.

- **Opportunismus**

Die **zweite Verhaltensannahme** der Transaktionskostentheorie bezieht sich auf die Annahme von **opportunistischem Verhalten** der Akteure. Nach Williamson bezieht sich die Annahme von Opportunismus[212] auch „insbesondere auf die unvollständige oder verzerrte Weitergabe von Informationen durch die Wirtschaftssubjekte, was vorsätzliche Versuche zu verzerren, zu verbergen, zu verschleiern und irrezuführen einschließt."[213] Daraus lässt sich schließen, dass Opportunismus insbesondere dann vorliegt, wenn die Vertragspartner ihrer formalen Informationspflicht nicht nachkommen und somit die in Unternehmensnetzwerken naturgemäß bestehende Informationsasymmetrie noch weiter vergrößern. Des Weiteren lässt sich auch das Verschweigen von wichtigen informellen und vertraulichen Informationen zwischen den Netzwerkpartnern unter Opportunismus subsumieren.[214]

- **Risikoneigung**

Die **dritte Verhaltensannahme** bezieht sich auf die **Risikoneigung** der Netzwerkpartner. In der Transaktionskostentheorie wird den Netzwerkpartnern aufgrund von pragmatischen Überlegungen eine neutrale Risikoeinstellung unterstellt. Die Annahme der neutralen Risikoeinstellung ermöglicht eine vereinfachte Analyse und unterstützt dabei, die Kernthesen der Transaktionskostentheorie besser herauszustellen.[215] In den nachfolgenden Untersuchungen wird die Risikoneigung nicht weiter betrachtet, sie steht an dieser Stelle vollständigkeitshalber.

---

212 Vgl. zur Definition von Opportunismus Fußnote 66 in dieser Arbeit.

213 Williamson 1996a, S. 6. Vgl. auch Williamson 1990, S. 54.

214 Vgl. Macaulay 1991, S. 182ff.

215 Vgl. Williamson 1990, S. 325ff. sowie ergänzend Ebers/Gotsch 2006, S. 279.

2.3.3 Einflussfaktoren auf die Transaktionskosten

Die Höhe der zuvor beschriebenen Transaktionskosten, die bei der Abwicklung und Organisation einer Transaktion entstehen, wird nach Williamson durch **drei Charakteristika** beeinflusst:[216]

1. Spezifische Investitionen,
2. Unsicherheit und
3. Häufigkeit.

- **Spezifische Investitionen**

Transaktionspartner müssen zur Leistungserstellung grundsätzlich sog. transaktionsspezifische Investitionen[217] vornehmen.[218] Man spricht von transaktionsspezifischen Investitionen, wenn Ressourcen bzw. Inputfaktoren für die Erstellung bestimmter Güter und Leistungen spezifisch zugeschnitten sind und nicht oder nur unrentabel für eine andere Transaktion verwendet werden können.[219] Die spezifischen Investitionen lassen sich nach Williamson in Einzweck- und Mehrzweckinvestitionen unterscheiden.[220] Im Vergleich zu Mehrzweckinvestitionen weisen Einzweckinvestitionen einen höheren Spezifitätsgrad auf, da sie nur einen Wert besitzen, wenn die geplante Transaktion auch tatsächlich in der vertraglich vereinbarten Form ausgeführt wird. Sollte es zu Abweichungen des vertraglich Vereinbarten kommen, kann sich der Wert der Investitionen

---

[216] Vgl. ausführlich Williamson 1996a, S. 13ff. sowie ergänzend Ebers/Gotsch 2006, S. 281.

[217] Diese transaktionsspezifischen Investitionen werden in der Literatur auch als „Unterpfand" bezeichnet, die eine ordnungsgemäße Durchführung der Verträge garantieren sollen. Vgl. Williamson 1990, S. 206f., S. 224f. und S. 234f. Nach Williamson können sechs Formen transaktionsspezifischer Investitionen unterschieden werden. Hierzu zählen standortspezifische, anlagenspezifische, abnehmerspezifische und terminspezifische Investitionen sowie Investitionen in spezifisches Humankapital oder in die Reputation. Vgl. 1991, S. 281.

[218] Vgl. Jost 2001, S. 11.

[219] Dies ist beispielsweise der Fall, wenn in unmittelbarer Nähe eines Abnehmerwerkes ein Zuliefererwerk gebaut wird, um Transport- und Lagerkosten zu sparen (standortspezifische Investitionen), oder wenn Maschinen zur Herstellung von Pressformen, die nur für die Erstellung eines spezifischen Produktes verwendet werden können, eingesetzt werden (anlagespezifische Investitionen).

[220] Vgl. Williamson 1990, S. 61.

vermindern oder im Extremfall wertlos werden.[221] Die Differenz des monetären Wertes einer transaktionsspezifischen Investition im Vergleich zu ihrer zweitbesten Verwendung wird als Quasi-Rente bezeichnet.[222]

Somit erwächst aus spezifischen Investitionen eine besondere Abhängigkeit zwischen den Transaktionspartnern. Nachdem transaktionsspezifische Investitionen getätigt worden sind, kann das Vertragsverhältnis nur unter Inkaufnahme größerer Verluste (geringere Erlöse, höhere Kosten) aufgelöst werden.[223] Der Investor bleibt dann zur Vermeidung von „sunk costs“ an die Transaktionsbeziehung gebunden, ein Wechsel des Transaktionspartners wird ihm erheblich erschwert.[224] Mit hohen spezifischen Investitionen ist somit die Gefahr eines „Lock-in-Effektes“ verbunden.[225] Der Nutzen dieser spezifischen Investitionen für die Transaktionspartner hängt somit vom dauerhaften Bestehen der Transaktionsbeziehung ab.

Die Spezifität einer Transaktion hat aber häufig weit reichende strategische Bedeutung und beinhaltet grundsätzlich immer auch ein Risiko. Investitionen in sehr spezifische Produkte bzw. Verfahren ermöglichen es zwar, sich von der Konkurrenz abzuheben und Wettbewerbsvorteile zu generieren. Andererseits wird, wie bereits dargestellt, Spezifität vor dem Hintergrund der Verhaltensannahme von Opportunismus und begrenzter Rationalität zum Problem, da damit zu rechnen ist, dass Transaktionspartner Abhängigkeitssituationen oder asymmetrische Informationsverteilungen zu ihren Gunsten ausnutzen. Durch spezifische Investition wird der Anreiz, die der Austauschbeziehung zugrunde liegenden ursprünglich getroffenen, vertraglichen Vereinbarungen opportunistisch

---

221 Ein spezielles Softwarepaket kann bspw. eine Einzweckinvestition darstellen, deren Wert bei vorzeitiger Beendigung des Vertrages verfällt und daher sog. „sunk costs“ verursacht. Vgl. Mandewirth 1997, S. 95. Zu den verschiedenen Formen vgl. Williamson 1996a, S. 14 sowie auch Jost 2001, S. 11f.

222 Vgl. Klein 1980, S. 358; Klein/Crawford/Alchian 1978, S. 289f.

223 Vgl. Ebers/Gotsch 2006, S. 281.

224 Vgl. Altmann 1996, S. 39.

225 Vgl. Williamson 1990, S. 60-61.

„...nachzuverhandeln, um die eigene Position zu verbessern“, erhöht.[226] Bei vorzeitiger Beendigung der Austauschbeziehung können die erbrachten, spezifischen Investitionen in der Regel nicht durch Rückflüsse abgedeckt werden.[227] Der Spezifitätsgrad einer Transaktion ist umso höher, je größer der Wertverlust ist, der entsteht, wenn die zur Aufgabenerfüllung erforderlichen Ressourcen nicht der geplanten, sondern einer anderen Verwendung zugeführt werden.

Leistungen mittlerer Spezifität sind von Bedeutung, da sie nicht einfach wie Standardleistungen über den Markt bezogen werden können und an unternehmensspezifische Bedingungen oder Anforderungen angepasst werden müssen. Dagegen überwiegen bei Leistungen mit hoher Spezifität die Vorteile hierarchischer Kontrollstrukturen, da sie einen besseren Schutz gegenüber opportunistischem Handeln von Transaktionspartnern bieten.[228] Netzwerke weisen aus theoretischer Sicht insbesondere für Aufgaben mit mittlerer Spezifität (und Komplexität) Transaktionskostenvorteile gegenüber anderen Koordinationsformen auf.

- **Unsicherheit**

Nach Williamson gibt es grundsätzlich zwei Arten von **Unsicherheit**, denen eine Transaktion ausgesetzt sein kann.[229] Die erste Art wird als parametrische Unsicherheit bezeichnet. Sie bezieht sich auf die unvollständigen Informationen über die situativen Rahmenbedingungen der Transaktion und deren zukünftige Entwicklung.[230] Bei der zweiten Art der Unsicherheit, der eine Transaktion ausgesetzt sein kann, handelt es sich um die Verhaltensunsicherheit.[231] Die Ver-

---

[226] Ebers/Gotsch 2006, S. 301 und vgl. Göbel 2002, S. 137. Transaktionen mit geringer Spezifität reduzieren hingegen (durch ihre hohe Substitutionsmöglichkeit) die Abhängigkeit zwischen den Transaktionspartnern. Vgl. Williamson 1990, S. 60-64; Johanson/Mattsson 1987, S. 10.

[227] Vgl. Vahrenkamp 2007a, S. 20.

[228] Picot et al. 2003, S. 44.

[229] Vgl. Williamson 1996a S.15f. sowie ergänzend Ebers/Gotsch 2006, S. 301f.

[230] Vgl. Ebers/Gotsch 2006, S. 301f. Vgl. auch Williamson 1996a, S. 15f. sowie Williamson 1990, S. 64f.

[231] Vgl. Weichselbaumer 1998, S. 67; auch Jost 2001, S. 42.

haltensunsicherheit resultiert aus der Ungewissheit, über die Neigung des/der Transaktionspartner(s) zu opportunistischem Verhalten.[232] Für beide Unsicherheitsarten gilt – insbesondere vor dem Hintergrund unvollständiger Verträge – dass mit steigender Ungewissheit zunächst die Ex-ante-Transaktionskosten steigen, da von den Transaktionspartnern mehr Eventualitäten der Austauschbeziehung berücksichtigt werden müssen. Es nehmen aber auch die Ex-post-Transaktionskosten zu.[233] Unsicherheit bedeutet auch eine erhöhte Wahrscheinlichkeit, dass sich Bedingungen verändern, die ex post den Wunsch nach Änderungen auslösen, was in der Folge Informations-, Verhandlungs-, Konflikt- und Vertragskosten verursacht. Williamson unterstreicht, dass die Ex-ante- sowie Ex-post-Transaktionskosten vor dem Hintergrund der Unsicherheit umso höher ausfallen, je mehr spezifische Investitionen getätigt werden, da für die Transaktionspartner entsprechend mehr „auf dem Spiel"[234] steht: „Wann immer Faktoren im nicht trivialen Maße spezifisch sind, steigt mit der Erhöhung der Unsicherheit für die Transaktionsbeteiligten die Notwendigkeit, ein Verfahren zur Klärung ihrer Probleme zu entwickeln – denn mit steigender Unsicherheit werden die Lücken in den Verträgen größer, und die Anlässe für schrittweise Anpassung werden quantitativ wie qualitativ erheblicher."[235].

- **Häufigkeit**

Die Transaktions**häufigkeit** beeinflusst ebenfalls die Höhe der Transaktionskosten. Mit zunehmender Häufigkeit und Wiederholungsfrequenz von gleichartigen bzw. ähnlichen Transaktionen zwischen den Transaktionspartnern können Skalen- und Synergieeffekte erzielt und die Kosten für teure Beherrschungs- und Überwachungssysteme besser kalkuliert werden.[236] Die zunehmende Häu-

---

232 Williamson bezeichnet die Verhaltensunsicherheit als Unsicherheit strategischer Art, die sich aus opportunistischen Verhaltensweisen, wie Verschweigen, Verschleiern oder Verzerren von Informationen, ergibt. Sie steht im Nachfolgenden im Fokus der Betrachtung. Vgl. Williamson 1990, S. 64ff.

233 Vgl. Ebers/Gotsch 2006, S. 301f. sowie Klein 1980, S. 350f.

234 Kieser/Walgenbach 2007, S. 54.

235 Williamson 1990, S. 68.

236 Vgl. Williamson 1990, S. 69; Vahrenkamp 2007a, S. 21.

figkeit hat darüber hinaus den Vorteil, dass die Transaktionskosten pro Transaktion sinken. Des Weiteren beeinflusst die Transaktionshäufigkeit die Beziehung zwischen den Transaktionspartnern. Bei einer einmaligen Transaktion stehen sie sich eher als Fremde gegenüber, während sich bei wiederholten Transaktionen eine Art Vertrauensverhältnis entwickeln kann.[237] Allerdings lässt sich nicht genau festlegen, ob sich Kostenvorteile aus der Häufigkeit realisieren lassen. Dies hängt im Wesentlichen von den Transaktionscharakteristika sowie den Charakteristika des institutionellen Arrangements ab.[238] Man kann jedoch davon ausgehen, dass die Wiederholung der Transaktionen dazu beitragen kann, die Gefahr opportunistischen Verhaltens zu verringern.

Tabelle 3 fasst noch einmal die Verhaltensannahmen der Akteure und die Einflussfaktoren auf die Transaktionskosten zusammen:

Verhaltens-annahmen	- Menschen zeichnen sich durch eine **begrenzte Rationalität** aus. Damit wird die Möglichkeit perfekter Verträge ausgeschlossen, Überwachung und Anpassung bestehender Verträge wird notwendig. - Individuen neigen dazu, Eigeninteressen zu verfolgen. Diese Annahme schließt **opportunistisches Verhalten** ein. - Den Individuen wird aufgrund von pragmatischen Überlegungen eine neutrale **Risikoeinstellung** unterstellt.
Transaktions-bedingungen	- **Faktorspezifität**, die umso geringer ist, je leichter ein Faktor ohne Wertverlust einer anderen Verwendung zugeführt werden kann. - **Unsicherheit**, die aus der Entwicklung der Transaktionsumwelt und dem zu erwartenden Verhalten des Vertragspartners resultiert. - **Häufigkeit** der Abwicklung gleichartiger Transaktionen.

Tab. 3: Verhaltensannahmen und Einflussfaktoren (Quelle: Pfohl 1994, S. 224)

---

237 Vgl. Jost 2001, S. 14.

2.3.4 Transaktionskostencharakteristika von Unternehmensnetzwerken

Die zentrale These der Transaktionskostentheorie besagt, dass eine Transaktion unter den beschriebenen Verhaltensannahmen umso effizienter organisiert und abgewickelt werden kann, je besser die Charakteristika des institutionellen Arrangements den sich aus den Charakteristika der abzuwickelnden Transaktion ergebenden Anforderungen entsprechen.[239] Nachfolgend wird dieser These nachgegangen, indem die Transaktionscharakteristika Häufigkeit und Unsicherheit von Transaktionen sowie die Art der spezifischen Investitionen bei Unternehmensnetzwerken kurz dargestellt werden.

- Spezifische Investitionen

In der Regel ist es für die am Netzwerk beteiligten Unternehmen unerlässlich, spezifische Investitionen zu tätigen. Aus den transaktionsspezifischen Investitionen ergibt sich jedoch ein Abhängigkeitsverhältnis, da ihr Wert von der Fortsetzung der Transaktionsbeziehung bestimmt ist.[240] Alle Netzwerkteilnehmer müssen in der Regel zu Beginn der Kooperation in den Aufbau eines gemeinsamen Unternehmensnetzwerks investieren. Diese spezifischen Investitionen können z.B. Kosten für Infrastruktur, Maschinen, Humankapital oder IT umfassen. Auch nach Vertragsabschluss müssen alle Netzwerkpartner weiter in die Reputation und den Erhalt des Unternehmensnetzwerks investieren. Sowohl die Geschäftsaktivitäten als auch die Produkte/der Service müssen stetig weiter entwickelt werden, um auch in Zukunft Wettbewerbsvorteile zu sichern.

- Unsicherheit

Die Netzwerkteilnehmer sind zwei Arten von Unsicherheit ausgesetzt. Zum einen der parametrischen Unsicherheit, weil sich grundsätzlich nicht abschätzen lässt, welche externen Veränderungen (z.B. politischer, sozialer und/oder

---

238 Vgl. Ebers/Gotsch 2006, S. 302. Aus diesem Grund spielt die Häufigkeit einer Transaktion als Transaktionscharakteristika in transaktionskostentheoretischen Arbeiten (wie auch in der vorliegenden Arbeit) oft eine untergeordnete Rolle. Vgl. ebenda.

239 Sydow 1992, S. 143.

technologischer Art) eintreten werden und welche entsprechenden Anpassungen dadurch im Außen- sowie im Innenverhältnis eines Unternehmensnetzwerks notwendig werden.[241]

Zum anderen sind die Netzwerkpartner auch der Verhaltensunsicherheit bezüglich des opportunistischen Verhaltens ihrer Partner ausgesetzt. Das Problem des Opportunismus kann sowohl vor als auch nach Abschluss eines Kooperationsvertrags auftreten. So müssen die potenziellen Netzwerkpartner schon vor Vertragsunterzeichnung mit opportunistischem Verhalten der anderen Netzwerkpartner rechnen.[242] Jeder Netzwerkpartner muss in Erwägung ziehen, dass der potenzielle Netzwerkpartner unter Umständen versuchen wird, seine Einzelinteressen unter Zuhilfenahme von List, Täuschung und Betrug durchzusetzen, indem er vor Vertragsunterzeichnung z.B. unvollständige, verzerrte oder falsche Informationen angibt. Hierbei kann es sich z.B. um falsche Angaben zu der finanziellen Situation des jeweiligen Netzwerkunternehmens handeln, um falsche Versprechungen und/oder um die Verheimlichung von Risiken.

Auch nach Vertragsschluss müssen die Netzwerkpartner weiterhin mit der Möglichkeit von Opportunismus der Vertragspartner rechnen. Alle Partner eines Netzwerks haben mit der in Unternehmensnetzwerken naturgemäß bestehenden Informationsasymmetrie zu kämpfen. Die Informationsasymmetrie ermöglicht es, zusammen mit den geleisteten spezifischen Investitionen, einen Anreiz zu schaffen, sich unentdeckt vor dem vertraglich Vereinbarten zu drücken. Des Weiteren wird die Bewertung des Verhaltens der Kooperationspartner durch die Informationsasymmetrie erschwert. Das Zusammenspiel von parametrischer Unsicherheit und Verhaltensunsicherheit erfordert bei der Gestaltung eines Unternehmensnetzwerks eine besondere Weitsicht, insbesondere auch vor dem Hintergrund von unvollständigen Verträgen. Es muss einerseits darauf geachtet werden, dass einer notwendigen Anpassung des Systems an evtl.

---

240 Vgl. Theurl 2001, S. 84.

241 Vgl. die Perspektiven in Kapitel 2.1.

242 Vgl. Dietl 1991, S. 94.

auftretende Veränderungen der Umwelt Rechnung getragen wird. Andererseits muss berücksichtigt werden, dass die Netzwerkpartner aufgrund der getätigten transaktionsspezifischen Investitionen ein gesteigertes Bedürfnis haben, sich vor möglichem Opportunismus der Gegenseite zu schützen.

- Häufigkeit

Die vertragliche Zusammenarbeit in Unternehmensnetzwerken, ist, wie in Kapitel 2.1.1 beschrieben, auf Dauer angelegt. In der Regel finden zwischen den Kooperationspartnern immer wiederkehrende Transaktionen gleicher Art statt. Somit ist davon auszugehen, dass sich langfristig bei den Kooperationspartnern eine Routine einstellen wird, die es ihnen ermöglicht, Lernkurveneffekte wahrzunehmen. Durch die Häufigkeit der Transaktionen in Unternehmensnetzwerken ergeben sich Skalenerträge bezüglich der technischen Unterstützung und der organisatorischen Einbindung. Durch die wiederkehrenden Transaktionen bilden sich im Laufe der Zeit Erfahrungswerte und ein Vertrauensverhältnis zu den Netzwerkpartnern kann aufgebaut werden. Diese Erfahrungen und das aufgebaute Vertrauen prägen nachhaltig nicht nur das Verhalten der Netzwerkpartner in ihrer Beziehung zueinander, sondern speziell auch bezüglich der von der Gegenseite zu erwartenden Art von Opportunismus.

2.3.5 Kritische Würdigung

Williamson betont, dass sich mit der Transaktionskostentheorie jedes Problem analysieren lässt.[243] Tatsächlich bietet die Transaktionskostentheorie vielfältige Anknüpfungspunkte für die Analyse organisatorischer Problemstellungen. Dennoch weist die Transaktionskostentheorie auch grundlegende Defizite auf, die ihren praktischen Nutzen sehr begrenzen.[244]

---

[243] Vgl. Williamson 1985, S. 42.

[244] Vgl. Fleisch 2001, S. 105.

Diese Defizite betreffen einerseits die Annahmen **zum Verhalten der Akteure.** Hierbei sind es nicht die Verhaltensannahmen der **begrenzten Rationalität** und der **Risikoneutralität**, die ein Problem darstellen. Diese sind grundsätzlich zu vertreten. Gerade die Verhaltensannahme der begrenzten Rationalität ist in der Organisationsforschung weithin akzeptiert und bewährt. Eine risikoneutrale Einstellung der Akteure lässt sich aus Vereinfachungsgründen ebenfalls akzeptieren, obwohl sie empirisch häufig nicht zutreffen wird.[245]

Die Defizite der Transaktionskostentheorie zielen auf die Verhaltensannahme des **Opportunismus der Kooperationspartner** ab. Sie stößt auf die größte Kritik.[246] Es wird einerseits kritisiert, dass sich Menschen **nicht immer opportunistisch** verhalten. Man geht zwar davon aus, dass sich Menschen opportunistisch verhalten und somit auch lügen, betrügen und Verträge brechen. Andererseits muss man genauso annehmen, dass Menschen auch ehrlich, vertrauenswürdig und vertragstreu sein können.[247]

Ein weiterer Kritikpunkt der Transaktionskostentheorie stellt auf die zu engen und begrenzten Verhaltensannahmen ab, wenn sie die Motivationsstruktur der Transaktionspartner auf ein durch spezifische Investitionen induziertes „... (opportunistisches) Streben nach Geld, Gütern und Leistungen reduziert".[248]

Nach Williamson ist sein reduziertes Modell mit der Verhaltensannahme des Opportunismus hinreichend, um zu Prognosen über eine relative Vorteilhaftigkeit alternativer institutioneller Arrangements zu gelangen.[249] Ebers und Gotsch sind allerdings der Meinung, dass diese Begründung nicht hinreichend ist, da in

---

245 Vgl. Ebers/Gotsch 2006, S. 299.

246 Vgl. Ebers/Gotsch 2006, S. 299f. und die dort angegebene Literatur sowie Göbel 2002, S. 348ff.; Sydow 2006.

247 Vgl. Göbel 2002, S. 348 sowie auch Döring 1998, S. 93.

248 Ebers/Gotsch 2006, S. 299. Vgl. auch Haury 1989, S. 138f. und Mandewirth 1997 S. 86f. Williamson räumt zwar ein, dass nicht „jeder einzelne unentwegt oder auch nur überwiegend dem Opportunismus huldigt". Williamson 1990, S. 73. Dennoch hält Williamson es für angebracht, aus Vorsichtsgründen immer von opportunistischem Verhalten auszugehen. Vgl. auch Williamson 1990, S. 73.

249 Vgl. Williamson 1996b, S. 48f. und Williamson 1990, S. 327ff.

der Regel nicht von der Richtigkeit einer Prognose einfach auf die Korrektheit der Annahmen geschlossen werden kann.[250] Für eine größere Erklärungskraft des Transaktionskostenansatzes wird daher von mehreren Autoren die Einführung eines komplexeren Motivationsmodells präferiert, welches berücksichtigt, dass Opportunismus nicht als Konstante menschlichen Verhaltens behandelt werden darf.[251]

Folgt man allerdings dem einseitigen und äußerst negativen Menschenbild und unterstellt, dass sich Menschen stets opportunistisch verhalten, dann können Institutionen nur als Schutzmaßnahmen zur Abwehr von Opportunismus verstanden werden. Von Göbel wird in diesem Zusammenhang betont, dass Gestaltungsempfehlungen, die auf der Grundlage eines solchen negativen Menschenbildes ausgesprochen werden, mit Vorsicht zu behandeln sind.[252] Daher muss nach Göbel die Kooperationsbereitschaft der Akteure in den Mittelpunkt der Betrachtung gestellt werden.[253]

Daraus ergibt sich, dass bei der Analyse von langfristig und arbeitsteilig organisierten Kooperationen, wie den in dieser Arbeit betrachteten Unternehmensnetzwerken, realistischere Annahmen über die Art und Weise der Zusammenarbeit sowie über das Verhalten der Kooperationspartner getätigt werden müssen.

Opportunistisches Verhalten der Transaktionspartner wird daher nicht gänzlich abgelehnt, sondern um die Möglichkeit kooperativen Verhaltens der Partner innerhalb eines Unternehmensnetzwerkes erweitert.

---

250 Vgl. Ebers/Gotsch 2006, S. 300.

251 Vgl. Ebers/Gotsch 2006, S. 299 und die dort angegebene Literatur.

252 Vgl. Göbel 2002, S. 340ff.

253 Göbel spricht von „vollständiger Kooperationsbereitschaft". Hierunter ist zu verstehen, dass die Akteure von sich aus Lücken in den Regeln im Sinne des Unternehmens füllen, Initiative zeigen, ihre Kreativität und Energie einsetzen und Verantwortung akzeptieren. Vgl. Göbel 2002, S. 350f.

Im weiteren Verlauf der Arbeit wird dieser Sichtweise gefolgt. Vor dem Hintergrund der bisherigen Ausführungen werden folgende Annahmen getroffen:

1. Die Verhaltensannahme des Opportunismus wird **nicht** als unveränderliche „naturgegebene Konstante“ unterstellt. Es wird vielmehr angenommen, dass der Opportunismus der Netzwerkpartner in einem Unternehmensnetzwerk nur graduell zum Ausdruck kommt und kein stets präferiertes Verhalten der Netzwerkpartner darstellt. Es kann lediglich als ein mögliches Verhalten auftreten.[254]
2. Des Weiteren wird von der Annahme ausgegangen, dass der Grad des Opportunismus in einem Unternehmensnetzwerk maßgeblich dadurch beeinflusst wird, inwieweit die jeweiligen Motive[255] der Netzwerkpartner durch die Anreiz-Beitrags-Struktur eines Unternehmensnetzwerks befriedigt werden können. Es wird in diesem Zusammenhang unterstellt, dass nicht nur die getätigten transaktionsspezifischen Investitionen den einzigen Anreiz bieten, den Vertrag opportunistisch „nachzuverhandeln“. Es müssen vielmehr alle Beiträge und Leistungen der Netzwerkpartner, die sich aus der Kooperation in einem Unternehmensnetzwerk ergeben, in Betracht gezogen werden.

Im Folgenden werden vor dem Hintergrund der getroffenen Annahmen die jeweiligen Anreiz-Beitrags-Strukturen der Netzwerkpartner mit Hilfe der Anreiz-Beitrags-Theorie diskutiert, um Ansatzpunkte über die Motivationsstruktur der Netzwerkpartner abzuleiten.

---

254 Vgl. Göbel 2002, S. 348 sowie auch Döring 1998, S. 93.

255 Unter Motiven sind beschreibbare Verhaltensbereitschaften (bzw. Bedürfnisse) zu verstehen. Beobachtbar ist aber nur das Verhalten und nicht die Verhaltensbereitschaft selbst. Vgl. Rosenstiel 1977, S. 58 sowie ergänzend Rosenstiel/Molt/Rüttinger 1995, S. 212f.

2.4 Verhaltenswissenschaftliche Betrachtung von Unternehmensnetzwerken

2.4.1 Konzeption der Anreiz-Beitrags-Theorie

Die Anreiz-Beitrags-Theorie[256], welche zu den verhaltenswissenschaftlichen Organisationstheorien gehört, wurde, ursprünglich als Erklärungsansatz für individuelles Handeln von natürlichen Personen (Arbeitsmotivation, Entscheidung von Individuen über die Teilnahme an einem Unternehmen), von Barnard entwickelt.[257] Der Grundgedanke von Barnard war, die wesentlichen Funktionen von Organisationen[258] und die Verhaltensweisen der in diesen Organisationen handelnden Akteuren zu erklären. Nach der Anreiz-Beitrags-Theorie wird jede Organisationsform als eine Art Koalition verstanden, in der sich die Teilnehmer freiwillig zusammenschließen. Durch den Beitritt zu einer solchen Koalition empfängt jedes Mitglied bestimmte Anreize, für die es bestimmte Beiträge zu leisten bereit ist.[259] Die Bereitschaft der individuellen Mitglieder, Anreize und Beiträge zu leisten, bestimmt demnach die Funktionsfähigkeit und Existenzsicherung dieses zweckgeleiteten Kooperationsverbunds.[260]

Vor dem Hintergrund, dass Kooperationen einen eher freiwilligen Zusammenschluss darstellen, lassen sich die Überlegungen zur Anreiz-Beitrags-Theorie auch auf Unternehmensnetzwerke anwenden, da diese von natürlichen Personen geführt werden und sich ihr Handeln sowie die Ziele der Unternehmen aus

---

256 In der Anreiz-Beitrags-Theorie werden zum einen Entscheidungen von Individuen, sich einer Organisation anzuschließen, und andererseits Entscheidungen in Organisationen untersucht. Vgl. Berger/Bernhard-Mehlich 2002, S. 133-134.

257 Vgl. Barnard 1938.

258 Barnard verstand unter **Organisationen** die „Zusammenarbeit von Menschen, die bewusst, absichtsvoll und auf einen Zweck gerichtet ist". 1938, S. 94. Organisationen setzen sich demnach nicht unmittelbar aus den relevanten Individuen zusammen, sondern „ausschließlich aus koordinierten menschlichen Aktivitäten". Barnard 1938, S. 73. Sie bestehen aus (unpersönlichen) Handlungen, die „zum konstitutiven Bestandteil formaler Organisationen" werden. Schreyögg 2008, S. 49. Deshalb nehmen Individuen nie als ganze Person, sondern jeweils nur in spezifischen organisational relevanten Rollen und im Kontext von spezifischen Verhaltenserwartungen an der Organisation teil. Der Begriff Organisation wird hier synonym zum Begriff des Unternehmens bzw. Unternehmensnetzwerks benutzt.

259 Vgl. Steffenhagen 1975, S. 50f.; Meffert 1981, S. 102f.

260 Vgl. Barnard 1938, S. 8.

den Zielen und Motiven ihrer einzelnen Mitglieder ableiten lassen.[261] Die Überlegungen von Barnard wurden von Simon aufgegriffen, der gemeinsam mit March die Anreiz-Beitrags-Theorie weiterentwickelte.[262]

Alle materiellen und immateriellen Vorteile, die sich aus der Sicht der Mitglieder aus der Koalitionsteilnahme ergeben, werden als **Anreize**[263] definiert. **Beiträge**[264] stellen hingegen alle materiellen und immateriellen Nachteile dar, die sich für die Individuen aus der Teilnahme an der Koalition ergeben.

Nach der Anreiz-Beitrags-Theorie ist eine Teilnahme an einer Organisation demnach dann gegeben, wenn ein Gleichgewicht aus den von der Organisation angebotenen Anreizen und den von den Teilnehmern geleisteten Beiträgen besteht (d.h. die Individuen leisten nur solange Beiträge, wie sie die gebotenen Anreize als mindestens gleich groß oder größer als ihre Beiträge wahrnehmen).[265] Durch die Anreiz-Beitrags-Theorie wird somit nicht nur eine Erklärung dafür geliefert, warum Akteure einer Koalition beitreten, sondern sie erklärt auch deren andauernde Mitgliedschaft.[266]

In der Anreiz-Beitrags-Theorie findet sich allerdings auch die Verhaltensannahme der begrenzten Rationalität der Koalitionsteilnehmer aus der Transakti-

---

261 Vgl. Schulte-Althoff 1991, S. 8; Vgl. Meffert 2008, S. 408.

262 Die wesentlichen Überlegungen von Simon/March zur Anreiz-Beitrags-Theorie sind 1958 in ihrem Buch „Organizations“ (Dt. Übersetzung: Organisation und Individuum – Menschliches Verhalten in Organisationen) erschienen. Barnard behandelte hauptsächlich das Eintreten in und das Verlassen von Organisationen, während sich Simon/March mit der produktiven Beitragsleistung von Teilnehmern in einer Organisation beschäftigten. Vgl. Staehle 1999, S. 433.

263 Anreize sind z.B. Belohnungen (wie Beförderung, Gehaltserhöhung, einmalige Prämien) oder auch Bestrafungen für ein Verhalten im Arbeitsverhältnis (z.B. Kündigung mit und ohne vorheriger Warnung, Zurückstufung, Einkommensverluste, Versetzung).

264 Beiträge an die Organisation sind z.B. Gehorsam, Loyalität, Unterordnung oder Arbeitsleistung.

265 Der Anreiz-Beitrags-Theorie liegt die Annahme zugrunde, dass jeder Teilnehmer einer Koalition weiß, welche Alternativen zur Koalition für ihn existieren. Dadurch kann der Teilnehmer abschätzen, welche Opportunitätskosten ihm entstehen. Vgl. Simon/March 1958 sowie Meffert 1981, S. 103f.

266 Vgl. Küster 2000, S. 184.

onskostentheorie wieder.[267] Die Teilnehmer treffen ihre Entscheidungen somit auf der Grundlage begrenzter Rationalität, da sie nicht alle Alternativen kennen und sie nur begrenzte Fähigkeiten besitzen, Informationen zu verarbeiten.

Ist das Anreizpotenzial einer Koalition insgesamt größer, als alle Beiträge der Teilnehmer der Organisation, entsteht ein Überschuss, der als „Slack" bezeichnet wird. Dieser Slack hat die Wirkung eines Gleichgewichtspuffers und ermöglicht es der Koalition, gegenüber Umweltveränderungen besser reagieren zu können.[268]

Voraussetzung für die Entstehung und den Fortbestand einer Organisation ist demnach, dass nicht nur der formale Organisationszweck erfüllt ist, sondern ebenfalls ein Gleichgewicht zwischen unterschiedlichen kooperationsrelevanten Einflüssen sichergestellt ist.[269] Das bedeutet, dass der individuelle Anreiz-Beitrags-Saldo jedes Netzwerkunternehmens auf Dauer positiv von diesem wahrgenommen werden muss.[270] Der individuell wahrgenommene Gleichgewichtszustand, kann jedoch im Laufe der Teilnahme an der Organisation durch Veränderungen schlechter werden oder ganz aus dem Gleichgewicht geraten.[271]

Daher ist nicht auszuschließen, dass der subjektiv wahrgenommene Anreiz-Beitrags-Saldo jedes Netzwerteilnehmers vorübergehend sogar negativ ist.[272] Somit hängt die Überlebensfähigkeit bzw. Existenz von Organisationen von der Kooperationsbereitschaft der Individuen ab und davon, ob die Balance zwischen Befriedigung und Belastung hergestellt und bewahrt werden kann. Wenn den Mitgliedern keine hinreichenden Anreize mehr für ihre Beiträge gewährt

---

267 Vgl. Barnard 1970, S. 34.

268 Vgl. Ahlert 1996, S. 92. Ein zwischen den Netzwerkpartnern ungleich verteilter Slack kann jedoch auch ein Konfliktpotenzial hervorrufen. Vgl. ebenda.

269 Vgl. Simon/March 1958 sowie Herder-Dorneich 1989, S. 23.

270 Es kommt lediglich auf das subjektive Empfinden der Individuen an und nicht darauf, ob die Anreiz-Beitrags-Rechnung tatsächlich positiv ist. Vgl. dazu Simon/March 1958, S. 84 sowie Berger/Bernhard-Mehlich 2002, S. 136f.

271 Vgl. Nebel-Tatzel 1994, S. B10.

werden können, liegt eine Störung des Anreiz-Beitrags-Gleichgewichts vor. Den Mitgliedern einer Organisation müssen demnach genügend attraktive Anreize für die Mitarbeit bereitgestellt werden, um den Zerfall oder zumindest eine Reduktion der Beiträge der Teilnehmer zu minimieren.[273]

Es ist davon auszugehen, das sich die Mitglieder solange systemkonform verhalten werden, wie die Summe der erhaltenen und zukünftig erwarteten Anreize höher eingeschätzt werden als die von ihnen zu leistenden Beiträge.[274] Im Falle eines gestörten bzw. negativ veränderten Gleichgewichtszustands beim Anreiz-Beitrags-Verhältnis gibt es verschiedene Verhaltensweisen der Mitglieder, die nachfolgend kurz dargestellt sind. Kommt es zu einer Störung des Anreiz-Beitrags-Gleichgewichts, d.h. wird das Gleichgewicht kurzfristig oder durch eine zeitlich begrenzte Verschlechterung der Anreize gestört, versucht das Individuum, das Gleichgewicht wiederherzustellen. Es bestehen grundsätzlich **vier Möglichkeiten**, wie sich die Mitglieder verhalten können.[275]

1. Möglichkeit:

Die Individuen akzeptieren das Ungleichgewicht und passen sich der Situation an. Dieser Fall tritt aller Wahrscheinlichkeit nur ein, wenn die betroffenen Mitglieder Verständnis für die Situation des Anderen aufbringen und/oder wenn ein ausreichender Slack vorhanden ist, der ein kurzfristiges Ungleichgewicht bzw. eine kurzfristige Verschlechterung des Anreiz-Beitrags-Verhältnis ausgleichen kann. Hier wird die Störung als unveränderlich angesehen. Die Lösung ist entweder die Anpassung in Form einer

---

272 Vgl. Barnard 1970, S. 122.

273 Vgl. Schreyögg 2008, S. 45.

274 Vgl. Scholz 1993, S. 413.

275 Eine kurzfristige bzw. temporär absehbar begrenzte Verschlechterung des Anreiz-Beitrags-Saldos verstärkt den Anreiz des jeweils betroffenen Netzwerkpartners, sich ggf. opportunistisch zu verhalten. Ob es letztendlich allerdings zu opportunistischem Verhalten des betroffenen Netzwerkpartners kommt, hängt von der individuellen Neigung zum opportunistischen Verhalten sowie von den im Unternehmensnetzwerk gegebenen Möglichkeiten ab. Vgl. dazu Nooteboom 1996, S. 985ff., insb. Figure 1, S. 999 und Figure 2, S. 1001 sowie Nooteboom/Berger/Noorderhaven 1997, S. 308ff.

inneren Kündigung bzw. einer Beitragssenkung oder aber einer Senkung des Anspruchsniveaus.

2. Möglichkeit:

Das Ungleichgewicht wird von den betroffenen Mitgliedern grundsätzlich akzeptiert. Sie ergreifen jedoch (nicht opportunistische) Maßnahmen, um das vormals „günstigere" Verhältnis wieder herzustellen und/oder einer weiteren Verschlechterung des Verhältnisses vorzubeugen.

3. Möglichkeit:

Hier versucht das Individuum seine Umwelt zu beeinflussen und das aus seiner Sicht empfundene Ungleichgewicht zwischen Anreizen und Beiträgen durch verschiedene Formen von Opportunismus für sich „auszugleichen".[276] Die Erfolgswirkung hängt allerdings von seiner Machtposition ab.

4. Möglichkeit:

Übersteigen die Beiträge jedoch langfristig die Anreize bzw. sinken die Anreize unter die Beiträge, so ist der kritische Punkt erreicht, an dem die Mitglieder das System grundsätzlich verlassen werden.[277]

Die Frage, ob und wann ein Mitglied tatsächlich aus einer Koalition austritt, ist von weiteren Faktoren abhängig. Es handelt sich hierbei um notwendige zusätzliche materielle[278] und immaterielle[279] Austrittsaufwendungen für das entsprechende Mitglied oder die Existenz von Alternativen. Des Weiteren können zusätzliche Beiträge in Form von Transformations- und/oder Begrenzungsbemühungen dazu führen, dass ein Mitglied aus der Koalition austritt. Diese

---

276 Vgl. Ahlert 1996, S. 92f.

277 Vgl. Schulte-Althoff 1991, S. 151; Specht/Behrens/Mieke 2007, S. 142.

278 Hierzu gehören die Höhe der bisher getätigten spezifischen Investitionen, die durch den Austritt automatisch zu „sunk costs" werden, juristische Restriktionen (z.B. Kündigungsfristen der Verträge), die zu zusätzlichen Kosten führen, zusätzliche durch die Abwanderung entstehende Transaktionskosten (z.B. Nachverhandlungs-, Konfliktlösungs- und Kontrollkosten), entstehende Stilllegungs- und/oder Rückbaukosten, entstehende Outplacementkosten zur Freisetzung von Personal.

Transformations- und/oder Begrenzungsbemühungen entstehen, wenn das betroffene Mitglied versucht, das Anreiz-Beitrags-Verhältnis in seiner ursprünglichen Form wieder herzustellen und/oder eine weitere Verschlechterung zu verhindern.

Sollte es zu einer Verschlechterung zuungunsten des Verhältnisses zwischen Anreizen und Beiträgen kommen, steigt die Gefahr, dass Mitglieder aus der Koalition austreten.

Auf Unternehmensnetzwerke lässt sich die Anreiz-Beitrags-Theorie wie folgt übertragen:

- Jedes Unternehmen erhält von den anderen im Netzwerk befindlichen Unternehmen laufend (materielle und immaterielle) Anreize und leistet entsprechend (materielle und immaterielle) Beiträge.
- Die Mitglieder eines Unternehmensnetzwerks sind diesem nur beigetreten bzw. haben dieses nur aufgebaut, weil die Anreiz-Beitrags-Struktur die jeweiligen Motive[280] der Unternehmen (im Vergleich zu anderen Alternativen) zum Zeitpunkt des Eintritts bzw. Aufbaus am besten befriedigte.[281]
- Die Unternehmen kooperieren aber nur solange zusammen, wie die subjektiv wahrgenommene Summe der jeweiligen Anreize aus der Mitgliedschaft größer oder genauso groß ist wie die Summe der jeweils zu leistenden Beiträge (evtl. unter Berücksichtigung vorhandener Alternativen).
- Sollte das Anreizpotenzial die Beiträge der Netzwerkmitglieder übersteigen, so entsteht ein Slack, der das Unternehmensnetzwerk relativ unanfällig gegenüber Umwelteinflüssen macht.

---

[279] Hierzu zählen Inkaufnahme von Imageverlust, Inkaufnahme eines Reputationsschadens, z.B. bei Banken und/oder Versicherungen etc.

[280] Unter Motiven sind beschreibbare Verhaltensdispositionen bzw. Bedürfnisse zu verstehen. Beobachtbar ist aber nur das Verhalten und nicht die Verhaltensdisposition selbst. Vgl. Rosenstiel 1977, S. 58.

[281] Vgl. Schulte-Althoff 1991, S. 5f. und S. 151; Herder-Dorneich 1989, S. 27; Clemens 1988, S. 10; Meffert/Meurer 2003, S. 556 und Meffert 1981, S. 102ff.

- Es kann allerdings auch passieren, dass ein potenzielles Mitglied einem Unternehmensnetzwerk nicht beitreten kann, da es die notwendige Summe und/oder einzelne Elemente der dazu notwendigen Beiträge nicht leisten kann.
- Das von den Systemmitgliedern jeweils individuell und subjektiv wahrgenommene Gleichgewicht muss grundsätzlich zu jedem Zeitpunkt bestehen.

In den nachfolgenden Abschnitten 2.4.2 und 2.4.3 werden die wesentlichen Anreize und Beiträge, die sich für die Mitglieder eines Unternehmensnetzwerkes im Rahmen der Anreiz-Beitrags-Theorie ergeben, erörtert.

2.4.2 Anreize der Netzwerkpartner

- **Hohes Maß an Sicherheit und Transparenz für die Netzwerkpartner**

Durch die umfangreiche, formale vertragliche Fixierung der Leistungen und Pflichten der Akteure in einem Unternehmensnetzwerk bieten diese ein relativ hohes Maß an Sicherheit und Transparenz bei der Zusammenarbeit. Die Netzwerkpartner wissen somit, welche Beiträge sie leisten müssen und welche Anreize sie als Gegenleistung von der anderen Seite erwarten können.

- **Teilung des unternehmerischen Risikos und Zugang zu neuen Märkten**

Einen weiteren Anreiz bieten Unternehmensnetzwerke durch die Teilung des unternehmerischen Risikos zwischen den Teilnehmern eines Netzwerks sowie durch einen grundsätzlich leichteren Zugang zu neuen Märkten.[282]

- **Spezialisierungsvorteile durch Funktionsteilung**

Darüber hinaus ergeben sich für die Mitglieder der Netzwerke Spezialisierungsvorteile durch Funktionsteilung. Jedes Mitglied in einem Unternehmensnetzwerk übernimmt die Funktion, die seinen Kernkompetenzen entspricht.

---

282 Vgl. Kriependorf 1998, Sp. 711; Clemens 1988, S. 73.

- **Informations- und Know-how-Transfer**

Weitere Anreize werden durch die Partizipation am Wissen der Anderen und der Know-how-Nutzung sowie der Branchenerfahrung der verschiedenen Netzwerkpartner geschaffen. Die Netzwerkpartner bleiben in der Regel selbstständig, was für viele einen entscheidenden Aspekt darstellt. Solange die Unternehmen in einem Netzwerk agieren, ist auch der Wettbewerb untereinander gering bzw. sinkt mit zunehmender Partnerschaft.

- **Synergiepotenzial**

Das Synergiepotenzial sowie die Nutzungsmöglichkeiten von Skaleneffekten durch die Arbeitsteilung erweisen sich für die Akteure in einem Netzwerk als weitere Anreize. Besondere Synergien können beispielsweise durch einen gemeinsamen Einkauf von Rohstoffen erreicht werden. Durch den Eintritt neuer Netzwerkpartner können diese Synergiepotenziale stetig weiter ausgebaut werden.

Den erläuterten Anreizen, die sich aus der Kooperation in einem Unternehmensnetzwerk ergeben, stehen allerdings auch eine Reihe von Beiträgen gegenüber, die im Folgenden kurz dargestellt werden.

2.4.3 Beiträge der Netzwerkpartner

- **Verlust von Freiheitsgraden und Verzicht auf Autonomie**

Ein wesentlicher Beitrag, den die Netzwerkpartner leisten müssen, ist die Inkaufnahme der gegenseitigen Abhängigkeit und der damit einhergehende Verlust an Autonomie. Die Entscheidungsspielräume sowie die Intentionsdurchsetzung der jeweiligen Strategie der Unternehmen werden eingeschränkt.

- **Zielkonflikt (Gefahr von Opportunismus)**

Da die Mitglieder des Netzwerkes wirtschaftlich und rechtlich selbstständige Unternehmen mit eigener Zielsetzung sind, kann sich ein Zielkonflikt bzw. ein Abstimmungsproblem zwischen dem Netzwerkziel bzw. der Netzwerkstrategie als Ganzes und den individuellen Unternehmenszielen bzw. der eigenen Geschäftsstrategie einzelner Netzwerkmitglieder ergeben.[283] Die Gefahr opportunistischen Verhaltens ist dabei sehr groß. Damit einhergehend ist auch der erhöhte Kommunikations- und Koordinationsbedarf für die Netzwerkpartner, um Kompromisse zu erzielen (z.B. um eine gemeinsame Strategie zu erreichen) sowie ihr Beitrag zur Einhaltung von Netzwerkregeln. Der eventuell auftretende Opportunismus der Netzwerkpartner stellt allerdings den wohl größten und schwierigsten zu kalkulierenden Beitrag für die Netzwerkpartner dar. Unvollständige Verträge und Informationsasymmetrien verstärken das Opportunismusproblem. Die am Netzwerk beteiligten Unternehmen können versuchen, die abgeschlossenen Verträge teilweise oder vollständig zu „umgehen". Aufgrund der unvollständigen Verträge, der Informationsasymmetrie und der latent gegebenen Gefahr von opportunistischem Verhalten müssen die Netzwerkpartner somit mit „Reibungsverlusten" rechnen, die regelmäßig in Nachverhandlungs-, Konfliktlösungs- und Anpassungskosten zum Ausdruck kommen. Opportunistische Verhaltensweisen der Netzwerkpartner können unter Umständen auch die eigene Wettbewerbssituation gefährden und es entstehen somit neue Konkurrenzsituationen. Die Unsicherheit über das Auftreten von Opportunismus kann allerdings durch das Entstehen von gegenseitigem Vertrauen, das auf Erfahrungen beruht, gemildert werden.

- **Abhängigkeitsnachteile**

Ein weiterer Beitrag, den Netzwerkpartner in einem Unternehmensnetzwerk leisten müssen, ist das Eingehen einer direkten Erfolgskoppelung an das Verhalten bzw. an den Erfolg der anderen Mitglieder. Durch die enge Verbundenheit in einem Unternehmensnetzwerk mit einer gemeinsamen Zielsetzung, wirken sich Misserfolge eines Partners wie eine Kettenreaktion auf die anderen beteiligten Netzwerkpartner aus. Die direkte Erfolgskoppelung stellt insbesondere vor dem Hintergrund der ständig bestehenden Gefahr von opportunisti-

---

[283] Vgl. Steven/Pollmeier 2007, S. 279.

schem Verhalten der Vertragspartner einen besonders großen und unberechenbaren Beitrag dar.

- **Informations- und Know-how-Transfer**

Gegenseitiger Wissenstransfer kann sich nicht nur positiv auf das System auswirken, sondern auch negativ.[284] Gerade vor dem Hintergrund des Ausscheidens von Netzwerkpartnern besteht für die anderen am Netzwerk beteiligten Unternehmen die Gefahr, dass das weitergegebene spezifische Wissen nun an Wettbewerber mitgeteilt wird oder ein Unternehmen des Netzwerks durch ein anderes substituiert wird. Ein unerwünschter gegenseitiger Wissenstransfer kann unter Umständen auch zu einem Imageverlust führen.

- **Spezifische Investitionen**

Die spezifischen Investitionen stellen im Rahmen der Anreiz-Beitrags-Theorie Beiträge dar. Wie schon in Abschnitt 2.3.3 dargestellt wurde, investieren die Netzwerkpartner in spezifische Produkte bzw. Verfahren, die nicht oder nur unrentabel für andere Transaktionen verwendbar sind. Gerade zu Beginn einer Kooperation sind Investitionen und damit sog. Beiträge in diese höher als der erreichte Nutzen. Einhergehend mit den spezifischen Investitionen materieller Art zählt auch der Imageverlust durch das Scheitern der Kooperation oder durch unzuverlässige Kooperationspartner als ein Beitrag (immaterielle spezifische Investition).

Nachfolgend sind die wesentlichen Anreize und Beiträge von den Teilnehmern eines Unternehmensnetzwerkes noch einmal tabellarisch dargestellt.

---

[284] Vgl. Specht/Behrens/Mieke 2007, S. 133 und S. 136.

Anreize	Beiträge
Hohes Maß an Sicherheit und Transparenz für die Netzwerkpartner	Verlust von Freiheitsgraden und Verzicht auf Autonomie
Teilung des unternehmerischen Risikos	Zielkonflikte (Gefahr von Opportunismus)
Spezialisierungsvorteile	Abhängigkeitsnachteile
Informations- und Know-how-Transfer (Nutzung)	Informations- und Know-how-Transfer (Abgabe)
Synergiepotenzial	Spezifische Investitionen

Tab. 4: Anreize und Beiträge der Netzwerkpartner (Quelle: In Anlehnung an Meffert 1981, S. 104 und Schlüter 2001, S. 31ff.).

3 Risikomanagement von Kreditinstituten

3.1 Begriff Risiko und Risikomanagement

Risiken und Möglichkeiten ihrer Begrenzung sind ein zentrales betriebswirtschaftliches Thema, da sie untrennbar mit dem unternehmerischen Handeln verbunden sind. Während in den Anfängen der Betriebswirtschaftslehre die Risiken überwiegend umfassend betrachtet wurden[285], werden in neueren Veröffentlichungen oftmals nur Teilbereiche ausgewählt, z.B. eine bestimmte Risikoursache, Risiken eines bestimmten Funktionsbereiches oder Risiken einer bestimmten Branche.[286]

Grundlage für eine intensive Auseinandersetzung mit Risikoproblemen und Risikomanagementsystemen muss zunächst eine klare und eindeutige Bestimmung der Begriffe sein.

Der **Begriff „Risiko"** wird in der Literatur nicht einheitlich verwendet und es lassen sich eine Vielzahl von Definitionen finden.[287] Dies ist u.a. damit zu begründen, dass die Definitionen und Abgrenzungen stark vom Zweck der Risikobetrachtung abhängen und somit nie richtig oder falsch, sondern höchstens zweckmäßig oder unzweckmäßig sein können.[288]

Jede (unternehmerische) Entscheidung kann nur auf Grundlage von Informationen erfolgen, die zu dem jeweiligen Zeitpunkt verfügbar sind. Da der Entscheidungsträger in der Realität häufig nur unvollkommene Informationen über die Zukunft hat und seine Wahrnehmung begrenzt ist, sind die Konsequenzen aus der Entscheidung meist ungewiss. Es ergeben sich hieraus einerseits

---

285 Einen Überblick gibt Vollmar, der die Risikoauffassung verschiedener Autoren darstellt und beurteilt; vgl. Vollmar 1957, S. 8ff.

286 Vgl. z.B. Gutmannsthal-Krizanits 1994.

287 Vgl. u.a. Braun 1984, S. 21; Hofmann/Bühler 2004, S. 161; Löffler/Buschinger 2004, S. 201.

288 Vgl. Haller 1986, S.17f; Hofmann/Bühler 2004, S. 161.

Chancen (aus unerwarteten Gewinnen) aber auch Risiken (Gefahren in Form von Verlusten).[289]

Speziell für die Risikobetrachtung in Unternehmen ist die Integration der Chance in den Risikobegriff sinnvoll, denn Geschäftsrisiken ergeben sich sowohl dadurch, dass sich Gefahren konkretisieren, als auch dadurch, dass positive Entwicklungen nicht wahrgenommen werden.[290]

Unter dem **Begriff „Risiko“** wird demnach im Folgenden allgemein eine Verlust- oder Schadengefahr verstanden, die entsteht, wenn eine erwartete zukünftige Entwicklung negativer verläuft als geplant oder sogar existenzbedrohend wird.[291] Risiko ist demnach als mögliche Abweichung von den Unternehmenszielen zugrunde liegenden Erwartungen zu verstehen. Dieser Risikobegriff beinhaltet sowohl die Gefahr negativer Abweichungen als auch die Chance positiver Abweichungen. Ursächlich für diese Abweichungen sind unvorhergesehene Entwicklungen in den verschiedensten Bereichen, die aus der Dynamik des Unternehmens und seines Umfeldes entstehen und über die in der Regel wegen ihrer Komplexität nur unzureichende und wegen ihrer Zukunftsbezogenheit nur ungewisse Informationen vorliegen.[292]

Alle Aktivitäten eines Unternehmens im Umgang mit Risiken werden dabei unter den **Begriff Risikomanagement** subsumiert.[293] Diese Begriffsabgrenzung umfasst die **Überwachung** und **Steuerung** „aller das Unternehmen bedrohenden Verlustgefahren (Einzelrisiken und kumulierte Risiken einschließlich ihrer Wechselwirkungen)“ und umschließt damit „alle Komponenten bzw. Teilbereiche des Gesamtunternehmensrisikos“.[294]

---

289 Vgl. Löffler/Buschinger 2004, S. 201.

290 Vgl. Schitag Ernst & Young 2000, S. 3.

291 Vgl. Krumnow/Gramlich/Lange/Dewner 2002, S. 1107; Mikus 2001, S.5.

292 Vgl. Hahn 1987, S. 137.

293 Vgl. Gleißner/Romeike 2005, S. 28 und Gleißner 2008, S. 10.

294 Vgl. Kromschröder/Lück 1998, S. 1573f.

Historisch geht das Risikomanagement auf das Bestreben amerikanischer Industriebetriebe in den 30er und 40er Jahren zurück, Versicherungsleistungen bezüglich der Unternehmensrisiken kostenoptimiert über Versicherungsagenturen abzuschließen.[295]

Die Geburtsstunde des proaktiven Risikomanagements hingegen schlug erst in den 1960er Jahren. Aufgrund der stetig wachsenden Erfahrung im Bereich der betrieblichen Risiken waren die Unternehmen zunehmend in der Lage, Versicherungsprodukte in Bezug auf Preis und Leistung kritisch zu hinterfragen. Das sich daraus entwickelnde Risikomanagement bezog sich ursprünglich auf versicherbare Risiken und beinhaltete die Optimierung der Versicherungsleistung und der zu zahlenden Prämien. Da eine Reduktion der Prämien bei einem bestimmten Niveau von Versicherungsleistungen vor allem durch Sicherungsvorkehrungen innerhalb des Unternehmens erreicht werden kann, wurden die Aufgaben des Risikomanagements aktiv in diese Richtung erweitert.[296]

In den Blickpunkt der Öffentlichkeit rückte das Risikomanagement verstärkt durch das zum 01.05.1998 in Kraft getretene Gesetz zur Kontrolle und Transparenz im Unternehmensbereich (KonTraG).[297] Hiernach sind die Vorstände von Aktiengesellschaften verpflichtet, „geeignete Maßnahmen zu treffen, insbesondere ein Überwachungssystem einzurichten, damit den Fortbestand der Gesellschaft gefährdende Entwicklungen früh erkannt werden." (§ 91 Abs. 2 AktG). Das KonTraG gibt jedoch lediglich die Vorgabe, ein Risikomanagementsystem einzuführen. Es lässt hingegen offen, wie das Risikomanagementsystem konkret ausgestaltet werden muss.

Anders verhält es sich bei Kreditinstituten. Da die für eine funktionsfähige Volkswirtschaft notwendigen Kreditinstitute alle mit einander verzahnt sind, unterliegen diese Institute besonderen regulatorischen Vorschriften, die mittler-

---

[295] Vgl. Haller 1986, S. 9ff.; Wolf/Runzheimer 2000, S. 31.

[296] Vgl. Karten 1993, Sp. 3825.

weile explizit vorgeben, wie ein Risikomanagementsystem aufgebaut sein muss.

Im Folgenden werden zunächst die Aufgaben und Funktionen von Kreditinstituten, als der am stärksten regulierte Sektor, und die gesetzlichen Anforderungen an die Ausgestaltung eines Risikomanagements in dieser Branche kurz erläutert. Hieran anschließend wird analysiert, ob und wie diese Anforderungen auf die Logistik in einem Unternehmensnetzwerk übertragbar sind, um ein modulares Risikomanagementsystem für die Logistik in Unternehmensnetzwerken zu implementieren.

3.2 Aufgaben und Funktionen von Kreditinstituten

Nach § 1 Abs. 1 S. 1 KWG sind Kreditinstitute[298] Unternehmen, die Bankgeschäfte[299] gewerbsmäßig betreiben oder in einem Umfang betreiben, der einen in kaufmännischer Weise eingerichteten Geschäftsbetrieb erfordert. Zu den klassischen Aufgaben von Kreditinstituten zählen die Kreditvergabe und das Einlagengeschäft.

Unternehmen und der Staat nutzen Banken zur Abwicklung ihres Zahlungsverkehrs, d.h. zu bargeldlosen Lohn- und Gehaltszahlungen, Zahlungen an Lieferanten und von Kunden sowie zum Geldanlegen. Ein Großteil der Investitionen und die laufenden Ausgaben werden zudem über Banken finanziert, indem diese Kredite über verschiedene Laufzeiten vergeben.

Dem Bankensektor kommen demnach sehr vielfältige Aufgaben zu, deren Bedeutung z.T. grundlegend für das Funktionieren einer Wirtschaft sind. Ein

---

297 Es wurde als Folge spektakulärer Unternehmenskrisen wie z.B. bei der Metallgesellschaft AG, Bremer Vulkan oder Phillip Holzmann durch den Deutschen Bundestag verabschiedet. Vgl. Neumann 1998, S. 482.

298 Werden häufig synonym auch als Banken bezeichnet. Im weiteren Verlauf der Arbeit werden beide Begriffe verwendet.

299 Bankgeschäfte sind dabei solche Geschäfte, die im § 1 KWG als solche definiert sind (z.B. Einlagengeschäft, Kreditgeschäft, Diskontgeschäft, Finanzkommissionsgeschäft, Depotgeschäft, Investmentgeschäft etc.).

zentraler Ansatzpunkt zur Charakterisierung von Banken ist dabei ihre besondere systemrelevante Stellung in der Volkswirtschaft als Finanzintermediäre[300]. In dieser Vermittlerrolle zwischen Überschußeinheiten[301] und Defiziteinheiten[302] erfüllen Kreditinstitute zwei zentrale Arten von Funktionen: Einerseits eine Transformations-[303] und andererseits eine Transaktionsfunktion[304]. Transaktionsleistungen können unabhängig von Transformationsleistungen erbracht werden, während umgekehrt Transformationsleistungen immer auch Transaktionsleistungen voraussetzen. Typische Bankdienstleistungen, z.B. im Retail Banking, bei denen ausschließlich Transaktionsleistungen erbracht werden, sind der Zahlungsverkehr, die Wertpapierberatung und -abwicklung oder Vermittlungsleistungen.[305]

Neben den Transformations- und Transaktionsleistungen eines Kreditinstituts, gehören die Übernahme, Steuerung und Transformation von Risiken zu den Kernfunktionen von Kreditinstituten. Dabei ist der professionelle Umgang mit Kredit-, Markt-, Liquiditäts- und Operationellen und Sonstigen Risiken eine der wichtigsten Leistungen von Finanzintermediären.

---

300 Unter Finanzintermediären versteht man allgemein Institutionen, die einen Ausgleich zwischen Kapitalanlage (Kapitalgeber) und Kapitalaufnahmebedarf (Kapitalnehmer) herstellen.

301 Überschußeinheiten haben überschüssige Geldmittel zur Verfügung.

302 Defiziteinheiten benötigen Geld, um ihre Aufgaben finanzieren zu können.

303 Im Rahmen der Transformationsfunktion treten Kreditinstitute selbst als derivativer Nachfrager und Anbieter von Kapital in Finanzkontrakte ein und bewirken dadurch Transformationsleistungen. Diese lassen sich im Wesentlichen als Losgrößen-, Fristen- und Risikotransformation charakterisieren. Vgl. Büschgen 1998, S. 34-39ff.; Hartmann-Wendels/ Pfingsten/Weber 1998, S. 16ff.; Börner 2000, S. 160ff.

304 Der Begriff der Transaktionsfunktion bezieht sich darauf, dass Kreditinstitute zwischen verschiedenen Marktteilnehmern vermitteln, indem sie ihren Kunden Informationen über die Existenz und Bonität von Marktpartnern zur Verfügung stellen oder Finanztransaktionen für sie abwickeln. Da die Transaktionsfunktion im Kern auf der Beschaffung, Verarbeitung und Weitergabe von Informationen beruht, wird sie z.T. auch als Informationstransformation bezeichnet. vgl. Börner 2000, S. 157. Im Rahmen der Transaktionsfunktion reduziert das Kreditinstitut als Finanzintermediär Such- und Informationskosten, Verhandlungskosten sowie Abschluss- und Ausführungskosten für Akteure auf Finanzmärkten. Durch ein funktionierendes Bankensystem werden die Transaktionskosten für Finanzmittelnachfrager und Finanzmittelanbieter reduziert und Leistungen werden effizienter. Vgl. Büschgen 1998, S. 34ff.

305 Auch die Geschäfte im Investment Banking sind in der Regel als reine Transaktionsleistungen anzusehen, da hier die Beratung und die Strukturierung von Finanzierungskontrakten

Im Folgenden wird daher auf die verschiedenen gesetzlichen Anforderungen für den Umgang mit Risiken, d.h. die Anforderungen zum Risikomanagement von Kreditinstituten, eingegangen. Hieran anschließend wird der Risikomanagementprozess in Kreditinstituten ausführlich erläutert.

3.3 Baseler Eigenkapitalvereinbarung (Basel I und Basel II)

Der Baseler Ausschuss für Bankenaufsicht ist ein Ausschuss von Bankenaufsichtsinstanzen, der von den Präsidenten der Zentralbanken der Länder der Zehnergruppe 1975 ins Leben gerufen wurde. Er setzt sich aus hochrangigen Repräsentanten von 13 Mitgliedsstaaten[306] zusammen. Jedes Land wird dabei durch ihre Zentralbank und die nationale Bankenaufsicht vertreten, wobei die beiden Institutionen nicht zusammen auftreten; sie werden als getrennte Gremien betrachtet. Der Ausschuss tritt in der Regel bei der Bank für Internationalen Zahlungsausgleich in Basel zusammen, wo sich auch sein ständiges Sekretariat befindet.[307]

Die Aufgabe des Baseler Ausschusses für Bankenaufsicht ist die Formulierung von Richtlinien, die als Grundlage für nationale Regelungen dienen, mit dem Ziel, eine Basis für eine internationale Kooperation im Bereich der Bankenaufsicht zu schaffen.[308]

Das Hauptinteresse des Ausschusses ist es, Lücken in der Überwachung des internationalen Bankensystems aufzudecken, sowie die Unterbreitung von Vorschlägen zur besseren Beaufsichtigung unter Umständen auch durch Änderungsempfehlungen nationaler Aufsichtsbestimmungen.[309] Ziel der Baseler

---

im Mittelpunkt stehen, ohne dass die Bank selbst als Partner in Finanzkontrakte eintritt. Vgl. Börner 2000, S. 157.

306 Belgien, Deutschland, Frankreich, Italien, Japan, Kanada, Luxemburg, Niederlande, Schweden, Schweiz, Spanien, USA und Großbritannien. Vgl. Basel II 2006.

307 Vgl. Basel II 2004.

308 Vgl. Büschgen 1998, S. 301ff.; siehe auch Basel II 2004.

309 Vgl. Büschgen 1998, S. 301ff.

Empfehlungen ist es demnach, die Funktionsfähigkeit und die Stabilität des internationalen Bankensystems zu stärken.[310]

Im Jahre 1988 wurde zu diesem Zweck erstmals eine bedeutende Richtlinie unter dem Titel „International Convergence of Capital Measurement and Capital Standards“ zur Eigenkapitalausstattung von Kreditinstituten veröffentlicht. Diese sog. Baseler Eigenkapitalvereinbarung (Basel I) konzentrierte sich auf das gesamte Eigenkapital einer Bank mit einer alleinigen Ausrichtung auf Kredit- und Marktpreisrisiken. Die Vereinbarung beinhaltet Mindestanforderungen für die Eigenmittelausstattung für die international tätigen Banken der G-10-Staaten zum Schutz gegen die Zahlungsunfähigkeit durch Verluste aus dem Adressatenausfall.

Neue Kapitalmarktinstrumente wie Kreditderivate und eine sich ändernde Struktur der Kreditwirtschaft machten jedoch eine grundlegende Reform der „alten“ Baseler Eigenkapitalvorschriften für Kreditrisiken notwendig. Somit entstand aus der Kritik an Basel I im Jahr 1999 erstmals ein Konsultationspapier mit dem Titel „A new capital adequacy framework“.

Am 25.06.2004 wurde der neue Baseler Akkord schließlich unter dem Titel „International Convergence of Capital Measurement and Capital Standards: A Revised Framework“ verabschiedet und veröffentlicht (Basel II). Dieser stellt die (vorläufig) endgültige Fassung der neuen internationalen Eigenkapitalregeln dar und bezeichnet die Gesamtheit der Eigenkapitalvorschriften, die vom Basler Ausschuss für Bankenaufsicht in den letzten Jahren implementiert worden sind. Die Neuregelungen zur Eigenkapitalunterlegung sollen primär das Risiko der Geschäftstätigkeit von international agierenden Kreditinstituten minimieren und dabei Operationelle Risiken gesondert berücksichtigen.[311] Ihre Grundsätze

---

310 Vgl. Koch/MacDonald 2000, S. 505.

311 Als spektakulärer Fall, jedoch gleichwohl realistisches Szenario, gilt die von dem Mitarbeiter Jérôme Kerviel unerlaubt vorgenommene Manipulation der Trading-Systeme bei der französischen Société Générale. Ein daraus entstandener Schaden, im Falle der französischen Großbank auf mehrere Milliarden Euro beziffert, kann aber auch durch bankexterne Ereignisse auftreten. Vgl. Lochmaier 2008.

sollen sich aber auch für die Anwendung auf Banken unterschiedlicher Komplexität und Größe eignen. Wesentliches Ziel der neuen Eigenkapitalregelung ist es, die Kapitalanforderungen an Banken stärker als bisher vom eingegangenen Risiko abhängig zu machen, sowie neuere Entwicklungen an den Finanzmärkten und im Risikomanagement der Institute zu berücksichtigen.

Die Regeln aus Basel II wurden von den Mitgliedern des Baseler Komitees (wie auch der Bundesrepublik Deutschland) in ihre jeweiligen nationalen Rechte umgesetzt und müssen gemäß den EU-Richtlinien 2006/48/EG[312] und 2006/49/EG[313] seit dem 1. Januar 2007 in den Mitgliedstaaten der Europäischen Union für alle Kreditinstitute und Finanzdienstleistungsinstitute angewendet werden.

Die Umsetzung der Basel II-Vorschriften in deutsches Recht erfolgt dabei u. a. durch Änderungen des Kreditwesengesetzes (KWG) und durch die neu erstellten „Mindestanforderungen an das Risikomanagement“ (MaRisk)[314], die im nachfolgenden Kapitel beschrieben sind.

3.4 Mindestanforderungen an das Risikomanagement (MaRisk)

Mit dem Inkrafttreten der MaRisk zum 01.01.2007 müssen deutsche Kredit- und Finanzdienstleistungsinstitute neue Mindestanforderungen an das Risikomanagement erfüllen.[315]

Ziel ist eine ganzheitliche Risikobetrachtung einhergehend mit der Allokation des internen Kapitals zur Deckung der wesentlichen Risiken, um das Erreichen der **Unternehmensziele** sicherzustellen.

---

312 Bankenrichtlinie.

313 Kapitaladäquanzrichtlinie.

314 Wie schon die bisherigen Mindestanforderungen stützt die Aufsicht die MaRisk auf § 25a Abs. 1 KWG.

315 Die MaRisk fordern das Management aller wesentlichen Risiken und damit verbundenen Risikokonzentration. Vgl. BaFin 2007a, AT 2.2, S. 5.

Dazu fassen die **MaRisk** die bisherigen

- Mindestanforderungen an das Betreiben von Handelsgeschäften (MaH),
- Mindestanforderungen an das Kreditgeschäft (MaK),
- Mindestanforderungen an die Ausgestaltung der Internen Revision (MaIR)
- sowie die Regelungen zum Outsourcing

zusammen. Diese wurden zusätzlich um bisher noch nicht geregelte Handlungsfelder wie z.B. Zinsänderungsrisiken, Liquiditätsrisiken und Operationelle Risiken ergänzt und in einem einheitlichen Regelungswerk zusammengefasst.

Gegenüber den bisherigen Regulatoren verfolgen die MaRisk einen weitergehenden, integrativen Ansatz und setzen bewusst früh und umfassend bei der Strategieentwicklung an. Sie sind im Vergleich zu den bisherigen aufsichtlichen Vorgaben prinzipienorientiert, d.h. dass bestimmte Aussagen bzw. Anforderungen nur im Grundsatz gelten und Ausnahmen zugelassen sind.

Die MaRisk geben auf der Grundlage des § 25a Abs. 1 KWG einen flexiblen und praxisnahen Rahmen für die Ausgestaltung des Risikomanagements von Kreditinstituten vor. Es sind zahlreiche implizite und explizite Öffnungsklauseln[316] enthalten, die abhängig von der Größe der Institute, den Geschäftsschwerpunkten und der Risikosituation eine vereinfachte Umsetzung ermöglichen.

Die MaRisk sind modular aufgebaut: Auf der ersten Ebene erfolgt eine Trennung der aufsichtsrechtlichen Regelungen in einen Allgemeinen Teil (AT) und einen Besonderen Teil (BT).

- Die verschiedenen Module des AT beinhalten die grundlegenden Anforderungen, zentralen Begriffe und somit auch die wesentlichen Definitionen. Die Ausführungen in diesem Modul stellen den Anforderungsrahmen dar.

---

[316] Prinzip der doppelten Proportionalität: Sowohl die Umsetzung der MaRisk im Institut als auch die Bewertung der Aufsicht sollen von Größe, Komplexität und Risikogehalt abhängig sein. BaFin 2007a, AT1 Tz. 2 und 4, S. 3.

- Die verschiedenen Modulen des BT definieren die besondere Anforderungen an die Organisation des Kredit- und Handelsgeschäfts sowie die Überwachung und Steuerung der Adressenausfallrisiken, Marktpreisrisiken, Liquiditätsrisiken sowie Operationellen Risiken.[317]

Die neuen Anforderungen haben einen wesentlichen Einfluss auf die Ausgestaltung des Risikomanagements in den Instituten[318], auch wenn die Aufsicht vielfältige Öffnungsklauseln einräumt, die den Instituten ein den individuellen Gegebenheiten angemessenes Risikomanagement ermöglichen. Die MaRisk stellen den kleinsten gemeinsamen Nenner aufsichtlicher Ansprüche für kleine Sparkassen bis hin zu Großbanken dar. Sie stellen allerdings „nur" eine normeninterpretierende Verwaltungsvorschrift der BaFin dar. In den MaRisk finden sich keine expliziten Ausführungen im Hinblick auf Methoden zur Problemlösung, sondern nur die Forderung, dass diese angemessen sein müssen.

Im nachfolgenden Kapitel sind die grundsätzlichen Besonderheiten der MaRisk bzgl. der Aufbau- und Ablauforganisation des Risikomanagements dargestellt.

3.5 Risikomanagementsystem von Kreditinstituten

Die **Kernbestandteile** eines nach den MaRisk gestalteten Risikomanagementsystems sind die Unternehmensstrategie, die Internen Kontrollverfahren und das Risikotragfähigkeitskonzept, wie in der nachfolgenden Abbildung 2 dargestellt ist.

---

317 BaFin 2007a, AT1, S. 3.

318 Der Anwendungsbereich (AT 2.1) der MaRisk erstreckt sich auf alle Kreditinstitute in Deutschland, Finanzdienstleistungsinstitute (soweit dies in Abhängigkeit der Institutsgröße und Art, Umfang, Komplexität, Risikogehalt und Geschäftsumfang geboten erscheint) und Kapitalanlagegesellschaften einschließlich der Zweigniederlassungen im Ausland. Vgl. BaFin 2007a, AT 2.1, S. 4.

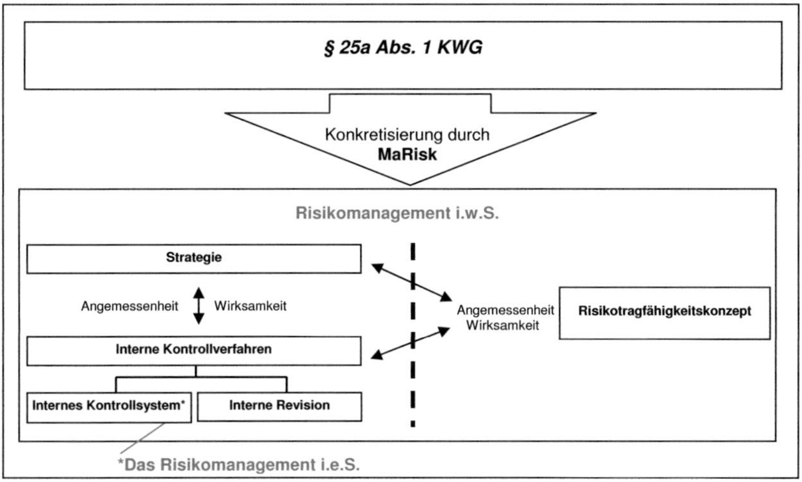

Abb. 2: Kernbestandteile der MaRisk (Quelle: Eigene Darstellung).

Alle drei Kernbestandteile müssen dabei in einem **angemessenen** Verhältnis zueinander stehen und **wirksam** zur Anwendung gebracht werden.[319] So muss z.B. ein Kreditinstitut, das von einer risikoaversen zu einer risikofreudigeren Strategie wechselt, grundsätzlich die Internen Kontrollverfahren entsprechend verbessern und/oder entsprechendes Risikokapital vorhalten.

Die Internen Kontrollverfahren setzen sich nach § 25a Abs. 1 KWG aus dem Internen Kontrollsystem (IKS) und der Internen Revision zusammen. Das Interne Kontrollsystem unterteilt sich (analytisch betrachtet) zum einen in Organisationselemente, die direkt am Leistungserstellungsprozess mitwirken, und zum anderen in Organisationselemente, die am Leistungserstellungsprozess lediglich indirekt beteiligt sind (vgl. Abbildung 3).

---

[319] Vgl. § 25a Abs. 1 KWG.

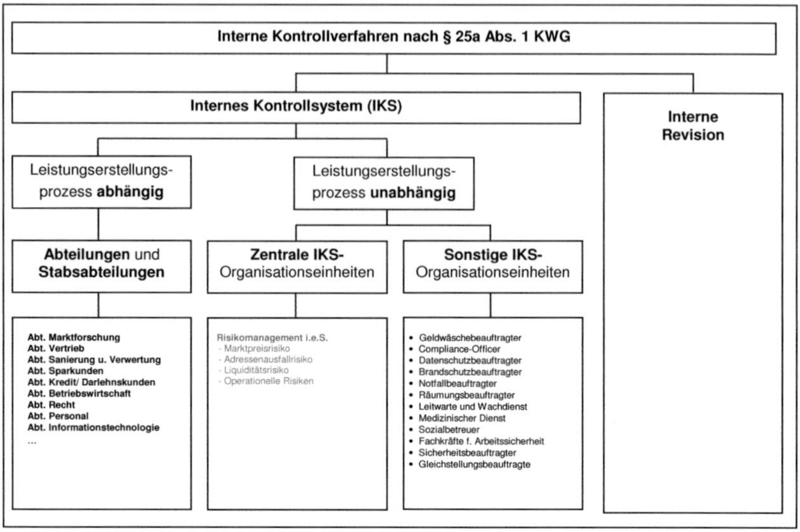

Abb. 3: Interne Kontrollverfahren (Quelle: Eigene Darstellung in Anlehnung an § 25a Abs. 1 KWG)

Unter die direkt am Leistungserstellungsprozess mitwirkenden Elemente fallen alle Abteilungen und Stabsabteilungen eines Kreditinstituts. Die indirekt am Leistungserstellungsprozess mitwirkenden Elemente untergliedern sich hingegen in Zentrale und Sonstige IKS-Organisationseinheiten. Unter die Zentralen IKS-Organisationseinheiten werden diejenigen Organisationseinheiten und Funktionsspezialisten subsumiert, die sich mit dem Risikomanagement i.e.S., d.h. insbesondere dem Marktpreisrisiko, dem Adressenausfallrisiko, dem Liquiditätsrisiko sowie den Operationellen und Sonstigen Risiken inhaltlich auseinandersetzen. Unter die Sonstigen IKS-Organisationseinheiten fallen hingegen alle weiteren Organisationseinheiten und Funktionsspezialisten, die aufgrund gesetzlicher Anforderungen zur Aufrechterhaltung der Geschäftstätigkeit vorgegeben sind.

Die Interne Revision ist nach § 25a Abs. 1 KWG Teil der Internen Kontrollverfahren und hat sicherzustellen, dass ein angemessenes (vom Vorstand getragenes und dokumentiertes) und wirksames Risikomanagementsystem existiert.

Wie schon dargestellt wurde, dient ein Risikomanagement nach den MaRisk primär nicht der Risikovermeidung, sondern der systematischen Überwachung und Steuerung von Unternehmensrisiken, um diese frühzeitig zu erkennen und somit bedrohlichen Entwicklungen rechtzeitig entgegensteuern zu können.[320]

Stellt man die zuvor genannten Aufgaben (systematischen Überwachung und Steuerung von Unternehmensrisiken) und die Anforderungen (angemessenes und wirksames Risikomanagement) gemeinsam in zwei Dimensionen dar, kommt man zu der nachfolgenden Darstellung, die im Verlauf der Arbeit noch weiterentwickelt wird.

	Überwachung	**Steuerung**
Angemessenheit	rot gelb grün	rot gelb grün
Wirksamkeit	rot gelb grün	rot gelb grün

Abb. 4: Prüfmatrix Risikomanagement gemäß MaRisk (Evolutionsstufe 1). (Quelle: Eigene Darstellung).

3.5.1 Prozess des Risikomanagements in Kreditinstituten

Zum systematischen Umgang mit Risiken sehen die MaRisk und die IDW Prüfungsstandards[321] implizit einen Risikomanagementprozess vor. Dieser beinhaltet alle Aktivitäten bezogen auf den institutionalisierten Aufbau des Risikomanagementsystems i.e.S. und i.w.S. Bei dem Risikomanagementprozess handelt es sich nicht um einen linearen Prozess, sondern vielmehr um einen rückkop-

---

320 Vgl. BaFin 2007a, AT 2.1, S. 4.

321 Vgl. IDW 2007.

pelnden Planungsprozess.[322] Der Risikomanagementprozess kann dabei analytisch betrachtet als Regelkreis dargestellt werden, der aus **neun Schritten** besteht.[323]

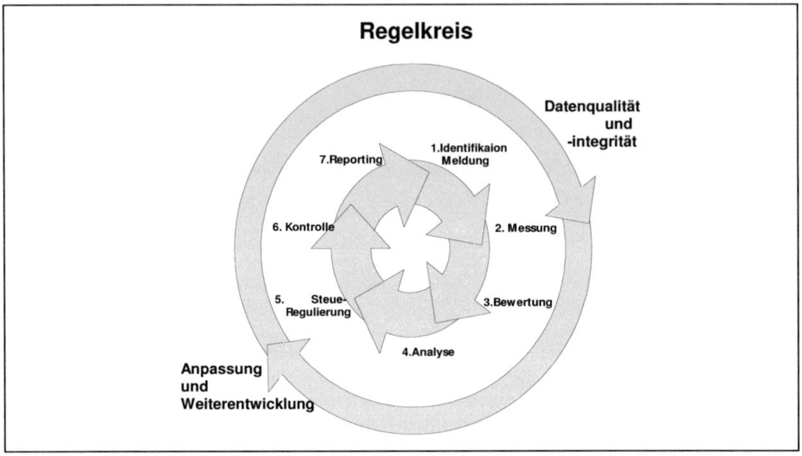

Abb. 5: Regelkreismodell (Quelle: Eigene Darstellung in Anlehnung an die Sound Practices[324]).

Schritt 1: Identifizierung

Die strukturierte, detaillierte und vollständige Identifikation aller wesentlichen (d.h. bestandsgefährdenden internen und externen) Risiken in den einzelnen Unternehmensbereichen bildet die Grundlage für die weiteren Phasen des Risikomanagementprozesses.[325] In der Phase der Risiko-Identifizierung werden die für die jeweilige Abteilung bzw. Funktionsspezialisten wesentlichen, realen

---

[322] Vgl. Haller 1986, S. 26; Wolf/Runzheimer 2000, S. 25; Huth 2004, S. 113f.; Zilkens 2006, S. 34f.

[323] Vgl. Basel II 2003, S. 14ff. In der Literatur und Praxis findet sich eine unterschiedliche Anzahl von Schritten bzw. Phasen sowie abweichende Bezeichnungen für die einzelnen Teilschritte/Phasen. Vgl. z.B. Kersten et al. 2006, insb. S. 12ff.; Schwolgin 2004, S. 132; Steven/Pollmeier 2006, S. 11ff.; Grandjot 2006, S. 20f.; Wagner/Bode 2007, S. 68 sowie die dort angegebene Literatur.

[324] Vgl. Basel II 2003, S. 14ff.

[325] Vgl. Hornung/Reichmann/Diederichs 1999, S. 320; Wolf 2001, S. 341.

und bedrohlichen Risiken systematisch erfasst.[326] Zur Strukturierung der identifizierten Risiken und zur Vermeidung einer unvollständigen oder mehrdeutigen Identifikation ist es hilfreich, diese in Risikokategorien einzuordnen und in einem Risikoprofil abzubilden.[327] Ziel der fortlaufenden Risiko-Identifikation muss es sein, ein stets aktuelles und vollständiges Bild der Risiken zu erhalten. Die Risikoidentifikation muss systematisch erfolgen, um möglichst alle relevanten Risiken zu erkennen. Die besondere Herausforderung liegt darin, dass sie in die Arbeitsabläufe vollständig integriert sein muss, damit das Verantwortungsgefühl und das Risikobewusstsein der Mitarbeiter gefördert werden.

Schritt 2: Messung

Der Phase der Risiko-Identifizierung schließt sich die Phase der Risiko-Messung an. Hier erfolgt einer Messung der identifizierten Risiken anhand quantitativer Maßzahlen oder durch qualitative Klassifikation i.d.R. hinsichtlich ihrer möglichen Eintrittswahrscheinlichkeit und des möglichen Schadenvolumens (Auswirkung).[328] Die besondere Herausforderung liegt bei der Messung in der Auswahl von geeigneten und validen Messindikatoren.

Schritt 3: Bewertung

Nach der Messung erfolgt die Risiko-Bewertung. Die Phase der Risiko-Bewertung dient i.d.R. der Quantifizierung einer möglichen Auswirkung identifizierter Risiken. Das Ausmaß eines Risikos wird durch die Bewertung der Wahrscheinlichkeit des Auftretens und der Höhe des damit verbundenen potenziellen Schadens eingeschätzt. Zusätzlich werden Simulationen erstellt, um mögliche Verbundrisiken aus Einzelrisiken und deren Wechselwirkungen zu beurteilen.[329] Die besondere Herausforderung liegt bei der Bewertung in der Definition

---

326 Vgl. Wittmann 2000b, S. 470.

327 Vgl. Diederichs/Richter 2001, S. 138; Vgl. Hornung/Reichmann/Diederichs 1999, S. 320.

328 Vgl. Wolf 2001, S. 341.

329 Vgl. IDW 1999, S. 353.

von geeigneten Sollvorgaben, um das Delta zwischen Messergebnis aus Schritt 1 und der Sollvorgabe (z.B. Schwellenwerte/Limite) zu bilden.

Schritt 4: Analyse

Gegenstand der Risikoanalyse ist die Untersuchung der Ursachen von bestehenden Risiken. Bei der Risikoanalyse handelt es sich um eine permanente Aufgabe. Die möglichen Ursachen sind in ihrer Entwicklung laufend zu beobachten, bestehende sowie mögliche neue Risiken oder Risikoursachen sind regelmäßig neu zu untersuchen. Die besondere Herausforderung bei der Analyse ist es, einen integren Prozess zu implementieren, der eine faire und objektive Analyse sicherstellt.

Schritt 5: Steuerung

In der anschließenden Phase, der Risiko-Steuerung, werden aus den zuvor erfassten, bewerteten und analysierten Risiken Konsequenzen für die Risikobewältigung gezogen und geeignete, risikopolitische Maßnahmen im Sinne der definierten Unternehmensstrategie erlassen.[330] Es bestehen in der Risiko-Steuerung grundsätzlich vier Strategien, den verschiedenen Unternehmensrisiken zu begegnen.[331] Entsprechend der Risikopräferenz des Kreditinstituts sind die steuerungsbedürftigen Risiken demnach durch aktive Risikosteuerung zu vermeiden[332], zu vermindern[333], zu transferieren[334] oder die verbleibenden

---

[330] Vgl. Haller 1986, S. 31f.

[331] Vgl. Becker/Rieke 2005, S. 275; Grandjot 2006, S. 21f.

[332] Im Bereich der Logistik könnte das Risiko von nur einem Lieferanten für kritische Produkte oder Materialien dadurch vermieden werden, dass mehrere Lieferanten vorgehalten werden. Vgl. Specht/Behrens/Mieke 2007, S. 143.

[333] Eine Alternative zur Begrenzung bzw. Minderung des Risikos ist die Risikostreuung, bei der ein bestehendes Risiko in mehrere möglichst nicht positiv miteinander korrelierte Teilrisiken geringeren Ausmaßes aufgeteilt wird. Vgl. Wittmann 2000b, S. 478; Burger/Buchhart 2002, S. 49f. Die vollständige Vermeidung von Risiken ist grundsätzlich unmöglich, da jegliches unternehmerische Handeln zwangsläufig mit Risiken verbunden ist. Vgl. Eberle 2005, S. 171.

[334] Eine Überwälzung bzw. Übertragung auf Dritte wird entweder im Rahmen eines Versicherungsvertrages (z.B. Brand) vorgenommen oder durch Vertragsbedingungen auf einen Vertragspartner wie z.B. einem Lieferanten (z.B. Transportrisiken) übertragen. Vgl. Weber/Weißenberger/Liekweg 1999, S. 33.

Risiken[335] zu akzeptieren und selbst zu tragen. Um Risiken effektiv steuern zu können, ist es erforderlich, geeignete Frühwarnindikatoren zu ermitteln, mit denen sich die Entwicklung eines Risikos entsprechend verfolgen lässt. Als Voraussetzung für eine effektive Risikosteuerung müssen die Entscheidungsträger über die aktuelle Risikoposition durch ein entsprechendes Berichtswesen stets zeitnah und sachgerecht informiert werden.[336]

Schritt 6: Kontrolle

Nach der Risiko-Steuerung folgt die Phase der Risiko-Kontrolle. In diesem Schritt wird die Wirksamkeit der in Schritt 5 neu definierten Maßnahmen in regelmäßigen Abständen überprüft.[337] Die Überprüfung sollte sowohl prozessintegriert als auch prozessunabhängig durch die Interne Revision erfolgen.

Schritt 7: Reporting

Der Risiko-Kontrolle schließt sich i.d.R das Risiko-Reporting an. Allerdings kann das Risiko-Reporting auch nach den Schritten oder auch während der Schritte 1, 2, 3, 4, 5 oder 6 erfolgen. Das Reporting verfolgt als Zielsetzung die Aufbereitung, Verdichtung und Kanalisierung der Daten aus der Risikomessung in Form systematischer interner Risiko-Reportings bezogen auf einzelne Risikoarten. Beim Risiko-Reporting ist dabei zwischen dem Standard-Reporting und dem Ad-hoc-Reporting zu unterscheiden.[338] Die Güte der qualitativen und quantitativen Informationen sowie die Funktionsfähigkeit der Reportingprozesse, Kommunikationswege und Informationsweitergabe müssen dabei regelmäßig kontrolliert werden.

---

335 Und damit auch eventuell eine Gewinnchance selbst zu tragen.

336 Vgl. KPMG 1998, S. 24.

337 Vgl. Lück 2004a, S. 671.

338 Umfang und Turnus der Standard-Risikoreports variieren je nach Bedeutung sowie aufsichtsrechtlichen Vorgaben. Ad-hoc-Meldungen werden bei gravierenden Veränderungen, insbesondere bei Überschreitung festgelegter Schwellenwerte/Limite, ausgelöst. Diese sind zuvor festzulegen. Vgl. Gleißner 2008, S. 215f.

Schritt 8 und 9: Weiterentwicklung

Die zuvor beschriebenen Schritte müssen insbesondere vor dem Hintergrund einer veränderten Strategie, neuer gesetzlicher Anforderungen oder neuer Erkenntnisse aus Wissenschaft und Praxis **kontinuierlich weiterentwickelt** und **angepasst** werden. Bei einer notwendigen Anpassung sind insbesondere die Datenqualität und -integrität sicherzustellen, d.h. es muss erreicht werden, dass bei Änderungen (z.B. aufgrund einer Weiterentwicklung) der eingesetzten Prozesse, Verfahren, Instrumente und Modelle zur Messung, Bewertung und Analyse von Schäden und Risiken die Konsistenz der aufgebauten Zeitreihen eingehalten wird.[339] Dabei muss insbesondere gewährleistet sein, dass Manipulationen oder der Verlust von notwendigen Informationen ausgeschlossen sind.

Wenn man den zuvor beschriebenen Regelkreis mit in die Abbildung 4 integriert und die Dimension „Aufgaben“ (systematische **Überwachung** und **Steuerung** von Unternehmensrisiken) hinsichtlich der analytischen Granularität durch die beschriebenen analytischen Prozessschritte ersetzt, kommt man zu der nachfolgenden Abbildung 6.

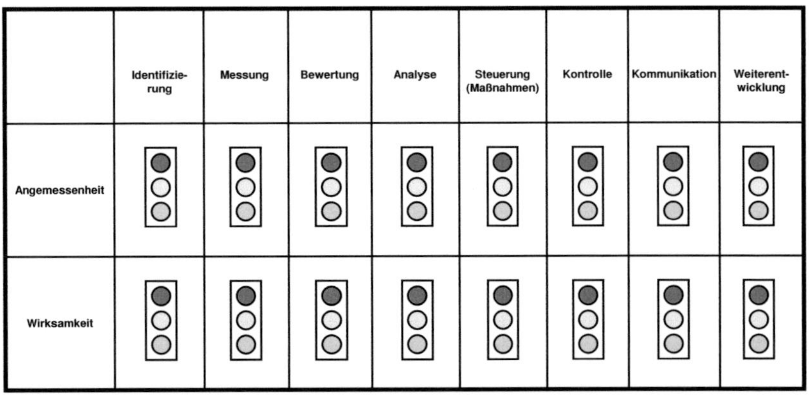

Abb. 6: Prüfmatrix Risikomanagement gemäß MaRisk (Evolutionsstufe 2). (Quelle: Eigene Darstellung).

339 Vgl. SolvVo 2008.

Das Spektrum der bankspezifischen Risiken ist breit gefächert und umfasst diverse Komponenten, die einen Einfluss auf die Profitabilität des Instituts haben können. Bei Kreditinstituten bestehen Risiken vor allem darin, dass gewährte Kredite nicht oder zu spät zurückgezahlt werden, dass Einlagen plötzlich zurückgefordert werden, dass sich Zinssätze, Aktienkurse oder Wechselkurse zum Nachteil verändern. Im Gegensatz zu anderen Wirtschaftsbranchen werden Risiken in der bankbetrieblichen Literatur grundsätzlich explizit behandelt. Bei Kreditinstituten werden demnach, wie bereits erwähnt, grundsätzlich vier wesentliche Risikoarten unterschieden: Adressenausfallrisiko (inkl. Kreditrisiko), Marktpreisrisiko, Liquiditätsrisiko, Operationelle und Sonstige Risiken.[340]

- AdR: Adressenausfallrisiken

Das Adressenausfallrisiko beinhaltet im Allgemeinen die Gefahr, dass auf Grund von Bonitätsveränderungen und/oder des Ausfalls einer Person oder eines Unternehmens, zu der eine wirtschaftliche Beziehung besteht, Verluste dadurch entstehen, dass bestehende Zahlungsverpflichtungen ganz oder teilweise uneinbringlich werden.[341] Der entstehende Verlust kann folgende Bestandteile beinhalten: Forderungsausfall, entgangene Zinszahlungen, Kosten für die Rechtsverfolgung sowie sonstige Kosten. Adressenausfallrisiken lassen sich bei Kreditinstituten als Kreditrisiko, als spezifisches Kursrisiko, als Kontrahentenrisiko, als Strukturrisiko sowie als sonstiges Ausfallrisiko unterteilen.

- MaR: Marktpreisrisiken

Das Marktpreisrisiko ist die Risikoart, welche in den letzten Jahren stark an Bedeutung gewonnen hat. Man versteht darunter die Gefahr, dass sich Marktpreise von Sachgütern oder Finanztiteln (z.B. Aktien) auf Grund von Änderungen der Marktlage zu Ungunsten des Inhabers entwickeln. Es erfasst vor allem Vermögenseinbußen auf Grund von möglichen Veränderungen der Marktpreise

---

340 Vgl. BaFin 2007a, AT 2.2, S. 5; Krumnow/Gramlich/Lange/Dewner 2002, S. 1107.

341 Vgl. Wolke, 2008, S. 156.

bzw. preisbildender Parameter der Finanzinstrumente selbst (Zinsänderungen[342], Rohstoffpreise, Währungs- und Aktienkurse).

- LiR: Liquiditätsrisiken

Unter dem Liquiditätsrisiko wird im Allgemeinen die Gefahr verstanden, dass das Kreditinstitut seinen Zahlungsverpflichtungen nicht mehr uneingeschränkt nachkommen kann.[343] Dieser Liquiditätsengpass kann u.a. durch die ungeplante Wahrnehmung kollektiver Wahlrechte der Bankkunden entstehen.

- OpR & SoR: Operationelle[344] und Sonstige Risiken

Operationelle Risiken (OR) sind in letzter Zeit, aufgrund von Schadensfällen in der Finanzdienstleistungsbranche, die auf OR zurückzuführen waren, verstärkt in das Bewusstsein von Kreditinstituten gerückt. Sie sind daher auch durch Basel II besonders im Fokus der Aufsichtsbehörde.

Innerhalb des Bankensektors werden dem Begriff „operationelles Risiko" unterschiedliche Bedeutungen zugemessen und Kreditinstitute verwenden daher für interne Zwecke eigene Definitionen des operationellen Risikos. Doch unabhängig von der genauen Definition ist es wichtig, dass die Institute klar verstehen, was der Baseler Ausschuss für Bankenaufsicht mit dem Begriff „operationelles Risiko" meint. Wichtig ist darüber hinaus, dass die Definition das gesamte Spektrum nennenswerter operationeller Risiken für die jeweilige Bank berücksichtigt und die wichtigsten Ursachen großer operationeller Verluste erfasst.[345]

---

342 Zinsänderungsrisiken können bei Kreditinstituten z.B. im Rahmen der Anlage von Wertpapieren entstehen. Bei der Bestimmung der Zinsänderungsrisiken betrachtet das Kreditinstitut neben den Auswirkungen von Zinsänderungen auf das handelsrechtliche Ergebnis des Kreditinstituts auch die Auswirkungen auf die Markt- bzw. Barwerte der betroffenen Positionen.

343 Vgl. Wolke 2008, S. 184.

344 Der übergreifende Charakter der Operationellen Risiken spiegelt sich in den MaRisk wieder: Es sind eine Vielzahl von OpR-relevanten Anforderungen an verschiedenen Stellen der MaRisk enthalten. In BTR 4 geht es v.a. um die Identifizierung von Operationellen Risiken und eingetretenen wesentlichen Schäden, deren Analyse, Beseitigung, Überwachung und Kommunikation. Da es zu Abgrenzungsproblemen zu anderen Risiken kommen kann, sollte eine klare Definition von Operationellen Risiken vorhanden sein.

345 Vgl. Baseler II 2003, S. 8.

Grundsätzlich ist jeder einzelne Geschäftsprozess vom operationellen Risiko betroffen. Daher muss jeder Mitarbeiter einbezogen werden, um das Risikomanagement in die Arbeitsprozesse integrieren zu können. Zu den operationellen Risikoereignissen, die der Baseler Ausschuss in Zusammenarbeit mit dem Bankensektor als mögliche Verursacher großer Verluste identifiziert hat, zählen u.a.:[346]

Kategorie Mitarbeiter:

- interne betrügerische Handlungen (interne Fraud-Handlungen), z.B. absichtlich falsche Angaben von Positionen, Diebstahl durch Mitarbeiter und Insidergeschäfte auf eigene Rechnung von Mitarbeitern,
- externe betrügerische Handlungen (externe Fraud-Handlungen), z.B. Raub, Fälschung, Scheckbetrug und Schäden durch Computerhacker,
- Einstellungspraktiken und Sicherheit am Arbeitsplatz, z.B. Haftungsansprüche von Mitarbeitern, Verstoß gegen Vorschriften der Arbeitsmedizin und der Sicherheit, gewerkschaftliche Aktivitäten, Diskriminierungsklagen, allgemeine Haftung,
- Fähigkeit (z.B. Qualifikation, fehlerhafte Dateneingabe) und Verfügbarkeit (z.B. krankheitsbedingte Fehlzeiten) der Mitarbeiter.

Kategorie Infrastruktur:

- Geschäftsunterbrechungen und Systemausfälle, z.B. Hardware- und Softwarepannen, Telekommunikationsprobleme, Stromausfälle und
- IT-Sicherheit.

Kategorie Interne Verfahren:

- Aufbau- und Ablauforganisation,
- Information und Kommunikation.

Kategorie Externe Einflüsse:

- Schäden am Sachvermögen, z.B. Terrorismus, Vandalismus, Erdbeben, Brände und Überschwemmungen,

---

[346] Vgl. Baseler II 2003, S. 8; Basel II 2004, S. 255.

- Kunden, Produkte und Geschäftspraxis, z.B. Verletzung von Treuhänderpflichten, Missbrauch vertraulicher Kundeninformationen, unsaubere Handelspraktiken auf Rechnung der Bank, Geldwäsche und Verkauf nicht genehmigter Produkte und
- Gesetze/Rechtssprechung.

Analog zu dem oben skizzierten Aufbau besteht das Risikomanagement von Kreditinstituten demnach aus mindestens 5 Regelkreisen (4 Regelkreisen aus dem Risikomanagement i.e.S. (Marktpreisrisiko, Adressenausfallrisiko, Liquiditätsrisiko, Operationelle und Sonstige Risiken) und einem Regelkreis zum Risikomanagement i.w.S.). Jeder dieser Regelkreise weist die in Abbildung 6 dargestellten Phasen auf.

3.5.2 Organisation des Risikomanagements von Kreditinstituten

Die Organisation in einem Unternehmen findet grundsätzlich vor dem Hintergrund eines übergeordneten institutionellen Handlungsrahmens statt.[347] Dieser übergeordnete institutionelle Handlungsrahmen wird im weiteren Verlauf dieser Arbeit in vier Gestaltungsebenen („Modell[348]-Ebene“, „Organisations-Ebene“, „Technik-Ebene“ und „Mensch-Ebene“ (Netzwerk) unterteilt.

Der im vorhergehenden Kapitel beschriebene Regelkreis muss in jedem Teilbereich des Handlungsrahmens (bestehend aus den vier Gestaltungsebenen), erfüllt (d.h. angemessen und wirksam) sein.

---

[347] Vgl. Kersten et al. 2006, insb. S. 12ff.; Picot et al. 2008, S. 30; Schulte-Zurhausen 2005; Luhmann 1995.

[348] Das grundsätzliche Ziel von Modellen ist die Reduktion der Komplexität der Realität. Ein Modell ist somit grundsätzlich nur eine vereinfachte und generalisierte materielle oder immaterielle unvollkommene Abbildung eines realen Systems. Es gibt jedoch auch Modelle, die Teilbereiche der Realität vollkommen abbilden. Um die Komplexität der Realität zu reduzieren, werden in Modellen grundsätzlich Annahmen (sog. Modell-Prämissen) unterstellt. Das Modell muss alle für die gegeben Aufgabenstellung relevanten Elemente und Beziehungen des dargestellten Systems berücksichtigen. Jetzke 2007, S. 43.

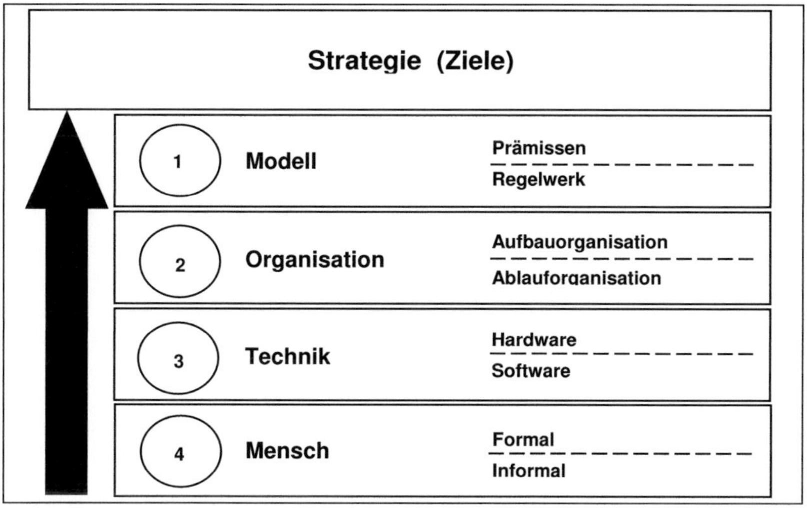

Abb. 7: Übergeordneter institutioneller Handlungsrahmen (Quelle: Eigene Darstellung).

Modell-Ebene:

Die Modell-Ebene bezieht sich auf die Darstellung und Begründung des Regelwerks und entsprechender Prämissen. Das Regelwerk und die Prämissen müssen dabei alle von den MaRisk definierten Vorgaben zum Managen der Risiken einhalten. Dies umfasst die **Überwachung** (d.h. Identifizierung, Messung, Bewertung und Analyse) sowie die **Steuerung** (d.h. Festsetzung angemessener Maßnahmen, Kontrolle und Kommunikation) der wesentlichen Risiken.

Organisations-Ebene:

Die Organisations-Ebene[349] bezieht sich auf die organisatorische Verankerung und praktische Implementierung des Regelwerks und Prämissen in der Organisation des Kreditinstitutes. Das Risikomanagement stellt nach den MaRisk

---

349 Umfasst alle Risiken, die sich aus ungeeigneten Organisationsstrukturen, fehlerhaften Prozessen und unzureichenden Kontrollen ergeben.

keine singuläre Aktivität dar, sondern muss in festgelegten Abständen erfolgen und in die Aufbau- und Ablauforganisation fest eingegliedert sein.[350] Die Organisation des Risikomanagements ist auf der vorhandenen Organisations- und Führungsstruktur und den damit definierten Aufgaben und Verantwortlichkeiten sowie Arbeitsabläufen aufzubauen.[351]

Technik-Ebene:

In der Technik-Ebene geht es darum, die in der Modell-Ebene definierten Regeln (unter Berücksichtigung der in der Organisations-Ebene definierten Aufbau- und Ablauforganisation) durch Implementierung entsprechender IT-Systeme umzusetzen.[352] Die IT-Systeme erfassen und verarbeiten dabei in der Regel sowohl interne Daten aus den betrieblichen Informationssystemen (etwa aus dem Rechnungswesen oder Controlling) als auch externe Daten (etwa Informationen aus öffentlich zugänglichen Datenbanken).[353]

Mensch-Ebene:

Die Mensch-Ebene beinhaltet alle Aufwendungen, die darauf abzielen, die Mitarbeiter (somit auch organisatorische Subsysteme wie Abteilungen und/oder Beteiligungen etc.) dazu anzuhalten, die in den drei zuvor dargestellten Ebenen (Modell, Organisation und Technik) definierten Regelungen und Instrumente entsprechend den Vorgaben zur Anwendung zu bringen. Die Instrumente und Vorgaben können von den Mitarbeitern nur angewandt werden, wenn ihnen diese bekannt sind und sie entsprechend qualifiziert und motiviert (positiv durch Incentives oder negativ durch Kontrollen) sind. Laut einer Studie der Berater Towers Perrin, in der 1400 Manager weltweit befragt wurden, sind die eigenen

---

[350] Die Eingliederung des Risikomanagements in die Organisationsstruktur des Unternehmens entscheidet maßgeblich über Erfolg und Misserfolg der gezielten Bewältigung des Risikos. Vgl. Brühwiler 1980, S. 128.

[351] Vgl. auch Hornung/Reichmann/Diederichs 1999, S. 322-324; Reichmann 2006, S. 618ff.; Vgl. Gleißner/Lienhard/Stroeder 2004.

[352] Vgl. BaFin 2007a, AT 7.2, S. 11 sowie Gleißner 2008, S. 243ff.

[353] Vgl. Erben/Romeike 2002.

Mitarbeiter das größte Risiko für ein Unternehmen.[354] Der Erfolg eines Unternehmens hängt in hohem Maße davon ab, neue Mitarbeiter zu finden, die motiviert und qualifiziert sind.

Wenn man den zuvor beschriebenen übergeordneten institutionellen Handlungsrahmen (vgl. Abbildung 7) mit dem Regelkreis (vgl. Abbildung 5) kombiniert, kommt man zu der nachfolgenden Abbildung, die die gesamte Komplexität des Risikomanagements nach den MaRisk zum Ausdruck bringt (vgl. auch Abbildung 6).

	Identifizierung/ Meldung	**Messung**	**Bewertung**	**Analyse**	**Maßnahmen**	**Kontrolle**	**Kommunikation**	**Weiterentwicklung**
Modell Prämissen Regelwerk	Angemessen und Wirksam	Angemessen und Wirksam	Angemessen und Wirksam	Angemessen und Wirksam	Angemessen und Wirksam	Angemessen und Wirksam	Angemessen und Wirksam	Angemessen und Wirksam
Organisation Aufbau Ablauf	Angemessen und Wirksam	Angemessen und Wirksam	Angemessen und Wirksam	Angemessen und Wirksam	Angemessen und Wirksam	Angemessen und Wirksam	Angemessen und Wirksam	Angemessen und Wirksam
Technik Hardware Software	Angemessen und Wirksam	Angemessen und Wirksam	Angemessen und Wirksam	Angemessen und Wirksam	Angemessen und Wirksam	Angemessen und Wirksam	Angemessen und Wirksam	Angemessen und Wirksam
Mensch Formal Informal	Angemessen und Wirksam	Angemessen und Wirksam	Angemessen und Wirksam	Angemessen und Wirksam	Angemessen und Wirksam	Angemessen und Wirksam	Angemessen und Wirksam	Angemessen und Wirksam

Abb. 8: Prüfmatrix Risikomanagement gemäß MaRisk (Evolutionsstufe 3). (Quelle: Eigene Darstellung).

3.5.3 Module des Risikomanagements von Kreditinstituten

Entscheidend für die **Effektivität** und **Effizienz** eines Risikomanagementsystems ist dabei vor allem die Art und Weise, in der die Unternehmensführung mit Risiken umgeht.[355]

---

[354] Vgl. Towers Perrin 2008.

Von der obersten Managementebene ausgehend, muss sich die Risikoorientierung in der Unternehmenskultur und -politik etablieren. Dabei geht es um die bewusste Beschäftigung mit den Unternehmenszielen und Plandaten und den ihnen zugrundeliegenden Erwartungen, ohne die letztlich die Risiken nicht existieren würden.[356] Die Sensibilisierung der Mitarbeiter aller Unternehmensebenen für das Risikophänomen ist für ein effektives Risikomanagement eine Grundvoraussetzung. Es zählt deshalb zu den nicht-delegierbaren Aufgaben der Unternehmensleitung, im Rahmen der Unternehmenspolitik Grundsätze für die Risikoanalyse und -steuerung zu formulieren, die im Einklang mit der Unternehmensstrategie stehen.

Bei der Entwicklung und Implementierung eines praxisorientierten Risikomanagementsystems ist darauf zu achten, dass der Aufwand in wirtschaftlich vertretbaren Grenzen gehalten wird. So sollten sich die risikopolitischen Maßnahmen auf die für das jeweilige Unternehmen wesentlichen Risiken beschränken.

Die Koordination der umfassenden Risikosteuerung hat zentral zu erfolgen, während Teilaufgaben, insbesondere die Risikoerfassung, dezentral wahrgenommen werden müssen. Somit sind sowohl alle Mitarbeiter in den Unternehmensbereichen als auch die Unternehmensleitung für den Erfolg des Risikomanagements verantwortlich.[357]

Bezug nehmend auf die bisherigen Ausführungen (insbesondere auf die Öffnungsklausel der MaRisk) sind nachfolgend die wichtigsten MaRisk-Module aufgeführt, deren Eignung hinsichtlich der Übertragbarkeit auf die Logistik von Netzwerken in den nachfolgenden Kapitel untersucht werden soll.[358]

---

355 Vgl. Vogler/Gundert 1998, S. 2379.

356 Vgl. Haller 1986, S. 19.

357 Vgl. Braun 1984, S. 280; BDO 1998, S. 63.

358 Vgl. zum Folgenden BaFin 2007a.

Ausgewählte MaRisk-Module

- **Strategie:** „Die Geschäftsleitung hat eine Geschäftsstrategie und eine dazu konsistente Risikostrategie festzulegen. Bei der Ausarbeitung der Risikostrategie sind die in der Geschäftsstrategie niederzulegenden Ziele und Planungen der wesentlichen Geschäftsaktivitäten sowie die Risiken wesentlicher Auslagerungen zu berücksichtigen."[359]
- **Internes Kontrollsystem** (Aufbau- und Ablauforganisation)**:** „Bei der Ausgestaltung der Aufbau- und Ablauforganisation ist sicherzustellen, dass miteinander unvereinbare Tätigkeiten durch unterschiedliche Mitarbeiter durchgeführt werden."[360] „Das gilt auch bezüglich der Schnittstellen zu wesentlichen Auslagerungen."[361]
- **Interne Revision:** „Jedes Institut muss über eine funktionsfähige Interne Revision verfügen."[362] Die Interne Revision hat risikoorientiert und prozessunabhängig die Wirksamkeit und Angemessenheit des Risikomanagements im Allgemeinen und des internen Kontrollsystems im Besonderen sowie die Ordnungsmäßigkeit grundsätzlich aller Aktivitäten und Prozesse zu prüfen und zu beurteilen, unabhängig davon ob diese ausgelagert sind oder nicht.[363]
- **Organisationsrichtlinien:** „Das Institut hat sicherzustellen, dass die Geschäftsaktivitäten auf der Grundlage von Organisationsrichtlinien betrieben werden (z.B. Handbücher, Arbeitsanweisungen oder Arbeitsablaufbeschreibungen)."[364]
- **Risikotragfähigkeit und Szenariorechnungen:** „Auf der Grundlage des Gesamtrisikoprofils ist sicherzustellen, dass die wesentlichen Risiken des Instituts durch das Risikodeckungspotenzial, gegebenenfalls unter Berücksich-

---

[359] BaFin 2007a, AT 4.2 Tz. 1, S. 7.

[360] BaFin 2007a, AT 4.3.1 Tz. 1, S. 7.

[361] BaFin 2007a, AT 4.3.1 Tz. 2, S. 7.

[362] BaFin 2007a, AT 4.4 Tz. 1, S. 9.

[363] BaFin 2007a, AT 4.4 Tz. 3, S. 9.

[364] BaFin 2007a, AT 5 Tz. 1, S. 9.

tigung von Wechselwirkungen, laufend abgedeckt sind und damit die Risikotragfähigkeit gegeben ist."[365] „Für die im Rahmen der Risikotragfähigkeit berücksichtigten Risiken sind regelmäßig angemessene Szenariobetrachtungen anzustellen."[366]

- **Standard- und Ad-hoc-Reporting:** „Unter Risikogesichtspunkten wesentliche Informationen sind unverzüglich an die Geschäftsleitung, die jeweiligen Verantwortlichen und gegebenenfalls die Interne Revision weiterzuleiten, so dass geeignete Maßnahmen beziehungsweise Prüfungshandlungen frühzeitig eingeleitet werden können."[367]
- **Notfallmanagementsystem:** „Für Notfälle in zeitkritischen Aktivitäten und Prozessen ist Vorsorge zu treffen (Notfallkonzept). Die im Notfallkonzept festgelegten Maßnahmen müssen dazu geeignet sein, das Ausmaß möglicher Schäden zu reduzieren."[368] „Das Notfallkonzept muss Geschäftsfortführungs- sowie Wiederanlaufpläne umfassen."[369]
- **Outsourcing:** „Das Institut hat die mit wesentlichen Auslagerungen verbundenen Risiken angemessen zu steuern und die Ausführung der ausgelagerten Aktivitäten und Prozesse ordnungsgemäß zu überwachen. Dies umfasst auch die regelmäßige Beurteilung der Leistung des Auslagerungsunternehmens anhand vorzuhaltender Kriterien. Für die Steuerung und Überwachung hat das Institut klare Verantwortlichkeiten festzulegen."[370]
- **Adressenausfallrisiken:** „Das Institut hat durch geeignete Maßnahmen sicherzustellen, dass die Adressenausfallrisiken unter Berücksichtigung der Risikotragfähigkeit begrenzt werden können."[371] „Handelsgeschäfte dürfen grundsätzlich nur mit Vertragspartnern getätigt werden, für die Kontrahenten-

---

365 BaFin 2007a, AT 4.1 Tz. 1, S. 6.

366 BaFin 2007a, AT 4.3.2 Tz. 3, S. 8.

367 BaFin 2007a, AT 4.3.2 Tz. 5, S. 8.

368 BaFin 2007a, AT 7.3 Tz. 1, S. 11.

369 BaFin 2007a, AT 7.3 Tz. 2, S. 11.

370 BaFin 2007a, AT 9 Tz. 7, S. 13.

371 BaFin 2007a, BTR 1 Tz. 1, S. 23.

limite eingeräumt wurden."[372] Ferner sollen Emittentenlimite eingerichtet werden.[373] Die Geschäfte sind unverzüglich auf die Limite anzurechnen.[374] Die Einhaltung der Limite ist zu überwachen (d.h. Ausfall von Forderungen und Verbindlichkeiten).[375]

- **Marktpreisrisiken:** „Auf der Grundlage der Risikotragfähigkeit ist ein System von Limiten zur Begrenzung der Marktpreisrisiken einzurichten."[376] „Ohne Marktpreisrisikolimit darf kein mit Marktpreisrisiken behaftetes Geschäft abgeschlossen werden."[377]
- **Liquiditätsrisiken:** „Das Institut hat sicherzustellen, dass es seine Zahlungsverpflichtungen jederzeit erfüllen kann. Dabei ist eine ausreichende Diversifikation, vor allem im Hinblick auf die Vermögens- und Kapitalstruktur, zu gewährleisten."[378] „Das Institut muss darlegen, welche Maßnahmen im Fall eines Liquiditätsengpasses ergriffen werden sollen."[379]
- **Operationelle Risiken:** „Das Institut hat den operationellen Risiken durch angemessene Maßnahmen Rechnung zu tragen."[380] „Es muss gewährleistet sein, dass wesentliche operationelle Risiken zumindest jährlich identifiziert und beurteilt werden."[381] „Bedeutende Schadensfälle sind unverzüglich hinsichtlich ihrer Ursachen zu analysieren."[382]

---

372 BaFin 2007a, BTR 1 Tz. 3, S. 23.

373 Vgl. BaFin 2007a, BTR 1 Tz. 4, S. 24.

374 Vgl. BaFin 2007a, BTR 1 Tz. 5, S. 24.

375 Vgl. BaFin 2007a, BTR 1 Tz. 5, S. 24.

376 BaFin 2007a, BTR 2.1 Tz. 1, S. 25.

377 BaFin 2007a, BTR 2.1 Tz. 2, S. 25.

378 BaFin 2007a, BTR 3 Tz. 1, S. 26.

379 BaFin 2007a, BTR 3 Tz. 4, S. 27.

380 BaFin 2007a, BTR 4 Tz. 1, S. 27.

381 BaFin 2007a, BTR 4 Tz. 2, S. 27.

382 BaFin 2007a, BTR 4 Satz 3, S. 27.

4 Risikomanagement in der Logistik von Unternehmensnetzwerken

4.1 Logistik-Risiken von Supply Chains

Wie bereits in Kapitel 3.1 erläutert, wird unter dem Begriff „**Risiko**" allgemein eine Verlust- oder Schadengefahr verstanden, die entsteht, wenn eine erwartete zukünftige Entwicklung negativer verläuft als geplant oder sogar existenzbedrohend wird.[383]

Nach dieser allgemeinen Risikodefinition stellt das **Supply Chain Risiko** „einen mit seiner Auftretenswahrscheinlichkeit bewerteten Schaden dar, dessen Eintreten mehr als ein Unternehmen der Supply Chain betrifft und dessen Ursachen innerhalb eines Unternehmens, innerhalb seiner Supply Chain oder in deren Umfeld liegen."[384]

Wie in Kapitel 3.5 sowie in der bankbetrieblichen Literatur beschrieben, werden Risiken bei Kreditinstituten explizit behandelt und in vier Risikokategorien klassifiziert: Adressenausfallrisiken, Marktpreisrisiken, Liquiditätsrisiken und Operationelle Risiken.

Supply Chain Risiken können je nach Betrachtungsweise nach verschiedenen Kriterien systematisiert und in jeweils unterschiedliche Risikoarten untergliedert werden.[385] Im Folgenden wird eine in der Literatur sehr gebräuchliche Klassifizierung herausgegriffen[386] und kurz erläutert. Demnach wird unterschieden in Demand Risiken und Supply Risiken, Produktionsrisiken sowie Umgebungsrisiken.

---

383 Vgl. Krumnow/Gramlich/Lange/Dewner 2002, S. 1107; Mikus 2001, S.5.

384 Vgl. Kersten et al. 2007, S. 1171; Ziegenbein 2007, S. 23. Vgl. hierzu auch Kapitel 4.1.5.

385 Cavinato differenziert beispielsweise in die Ebenen Material-, Informations- und Finanzflussrisiken. Vgl. 2004, S. 384. Rogler verwendet für ihre Klassifizierung die traditionellen Logistik-Bereiche und unterscheidet zwischen Beschaffungs-, Produktions- und Absatzrisiken. Vgl. 2002, S. 33ff. Nach Pfohl können endogene und exogene Risiken unterschieden werden. Vgl. Pfohl 2002, S. 11.

386 Vgl. Vahrenkamp 2007b; Christopher/Peck 2004 sowie Kersten/Hohrath/Winter 2008.

4.1.1 Demand Risiken (Nachfragerisiken)

Der Transport von Waren als Raumüberbrückung und das Lagern der Waren als Zeitüberbrückung gehören zu den wesentlichen Teilaufgaben der unternehmensübergreifenden Koordination material- und warenflussbezogener Funktionen der Logistik.[387] Sie stellen die notwendige Bedingung dar, die Bedürfnisse der Endkunden hinreichend zu befriedigend. Aufgrund ihrer wichtigen Funktion innerhalb der Logistik, nehmen Transport- und Lagerrisiken eine große Rolle ein.[388]

Transportrisiken umfassen dabei alle Risiken, die im Zusammenhang mit dem physischen Transport der Güter stehen.[389] Durch das erhöhte Sicherheitsbedürfnis der Bevölkerung vieler Industrienationen ist der Transport von Waren durch viele (gesetzliche) Regelungen, wie beispielsweise umfangreichere Kontrollen, administrativ erschwert worden. Daraus entstehende Wartezeiten führen u.U. zu verzögerten oder im schlimmsten Fall unterbrochenen Lieferketten.[390] Die Transportwege müssen genauer untersucht werden und es werden bevorzugt die als sicher eingestuften Transportrouten benutzt, die allerdings den Nachteil haben, dass sie unter Umständen nur über eine begrenzte Mengenkapazität verfügen. Daraus folgt, dass die als sicher geltenden Transportrouten selbst zu einem Risiko werden, da nicht zwingend vorausgesetzt werden kann, dass die Aufnahmekapazität beliebig steigerbar ist.[391]

Lagerrisiken, insbesondere Lagerbestandsrisiken sind weitere wichtige Demand Risiken. Unter die Lagerrisiken fallen alle Risiken, die im Zusammenhang mit

---

387 Vgl. Vahrenkamp 2007a, S. 2ff.; Fieten 1999, S. 57ff.; Weber/Kummer 1998, S. 9ff.

388 Vgl. Vahrenkamp 2007b, S. 2.

389 Vgl. zum Transportrisiko ausführlich Rogler 2002, S. 88ff. sowie Oberparleiter 1955, S. 127; Eberle 2005, S. 74. Unter dem Transportrisiko versteht man im Allgemeinen die Gefahr der Beschädigung oder des Verlustes der Güter während des Transports durch Unfall, Havarie, Krieg oder andere Ereignisse sowie die Gefahr der Transportverzögerung. Vgl. Topritzhofer/Moser 1990, S. 8 sowie Jahrmann 2007, S. 296.

390 Vgl. Wagner/Bode 2007, S. 65.

391 Vgl. Gleißner 2008, S. 76f.

der Lagerung der Güter stehen.[392] Hierzu zählt beispielsweise, dass die Güter während der Lagerung durch Diebstahl, Brand oder Sachbeschädigung in ihrer Menge oder in ihren Eigenschaften beeinträchtigt werden. Durch Abweichungen im Lagerbestand können bereits eingegangene Lieferverpflichtungen nicht erfüllt werden und es kommt zu einer Verzögerung und daraus resultierenden Schadensersatzforderung seitens der Kunden oder Lieferanten.[393]

Weitere Nachfragerisiken bestehen zum einen in der möglichen Abhängigkeit von einzelnen Kunden, d.h. von ihrem Nachfrageverhalten, als auch im Zahlungsrisiko, wie z.B. aufgrund einer Insolvenz des Abnehmers, oder im Preis- bzw. Margenverfall.[394]

4.1.2 Supply Risiken (Versorgungsrisiken)

Unter Supply Risiken können alle Risiken subsumiert werden, die durch unerwartete Schwankungen der Rahmenbedingungen auf den Beschaffungsmärkten, insbesondere der Preise[395] (Marktpreisrisiko), der verfügbaren Mengen[396] (Knappheitsrisiko) und der angebotenen Qualität[397] entstehen.[398] Hierzu zählen im Einzelnen[399] das Bedarfsdeckungsrisiko[400], das Lieferrisiko[401], das Transportrisiko[402] und das Lagerrisiko[403].

---

392 Vgl. zum Lagerrisiko ausführlich Rogler 2002, S. 120ff.

393 Vgl. Oberparleitner 1955, S. 119f.; Eberle 2005, S. 75.

394 Vgl. Vahrenkamp 2007b, S. 2; Kersten/Hohrath 2007, S. 175; Gleißner 2008, S. 76f.

395 Hierzu zählen beispielsweise Wechselkursschwankungen oder überhöhte vertraglich fixierte Lieferpreise. Vgl. Lasch/Janker 2007, S. 115.

396 Abweichungen bei Mengen können zu Produktionsausfällen und in der Folge zu erheblichen finanziellen Einbußen führen. Vgl. Lasch/Janker 2007, S. 115.

397 Mindere Qualität von Zulieferern führt zu Qualitätsschwankungen in der eigenen Produktion. Vgl. Lasch/Janker 2007, S. 115.

398 Vgl. z.B. Lasch/Janker 2007, S. 115.; Wagner/Bode 2007, S. 64; Wildemann 2008, S. 16; Feisel 2008, S. 26.

399 Vgl. zum Folgenden Rogler 2002, S. 34f.

400 Das Risiko resultiert daraus, dass Produktionsfaktoren, die benötigt werden, nicht verfügbar sind, weil sie nicht am Markt angeboten werden. Vgl. ebenda.

Risiken in diesem Bereich haben weitreichende Folgen für die weiteren Stufen in der Supply Chain. Durch eine schwankende Qualität können z.B. in der Folge Produktionstermine nicht eingehalten werden oder es müssen höhere Sicherheitsbestände angelegt werden. Ursachen für mangelnde Qualität können im Opportunismus der Lieferanten gesehen werden, die eher eine kurzfristige Strategie der Gewinnmaximierung verfolgen.[404]

Durch den weltweiten Beschaffungsmarkt mit seiner hohen Anzahl an potenziellen Lieferanten werden zusätzlich Lieferrisiken im Hinblick auf die Lieferzeit, -qualität und -zuverlässigkeit verursacht.[405] Zu den Lieferrisiken zählen u.a. ein kompletter Wegfall eines Lieferanten aufgrund falscher bzw. mangelhafter Kalkulationen, bessere Geschäftsmöglichkeiten für den Lieferanten, der Ausfall von Maschinen beim Lieferanten sowie eine mögliche Insolvenz des Lieferanten.[406] In der Folge kommt es zu Lieferproblemen und die Zuverlässigkeit der nachfolgenden Lieferkette wird dadurch beeinträchtigt.[407] Der Zugang zu möglichen Lieferanten wird zudem durch landesspezifische Regularien erschwert.

Ein weiteres Versorgungsrisiko entsteht grundsätzlich immer dann, wenn die erforderlichen Materialien oder Fremdleistungen nicht termingerecht für die eigene Leistungserstellung zur Verfügung stehen (Verfügbarkeitsrisiko).[408]

Im personellen Bereich ergeben sich weitere Versorgungsrisiken, speziell beim möglichen Ausfall von Schlüsselpersonen (z.B. wenn eine Single Source Stra-

---

[401] Das Risiko resultiert daraus, dass Produktionsfaktoren, die bestellt wurden, vom Lieferanten nicht oder in minderer Qualität geliefert worden sind. Vgl. ebenda.

[402] Das Risiko resultiert daraus, dass Produktionsfaktoren, die bestellt wurden, auf dem Transport untergegangen sind oder beschädigt wurden. Vgl. ebenda.

[403] Das Risiko resultiert daraus, dass Produktionsfaktoren, die bestellt und geliefert wurden, im Lager untergehen, beschädigt oder nicht mehr benötigt werden. Vgl. ebenda.

[404] Vgl. Feisel 2008, S. 26.

[405] Lieferprobleme eines Netzwerkpartners führen schnell dazu, dass ein „Dominoeffekt" bei allen anderen Unternehmen im Unternehmensnetzwerk auftritt. Vgl. Mirschel/Rollberg 2007, S. 83.

[406] Vgl. Vahrenkamp 2007b, S. 2; Kersten/Hohrath 2007, S. 175.

[407] Vgl. Feisel 2008, S. 26.

[408] Vgl. Eberle 2005, S. 169; Feisel 2008, S. 26.

tegie verfolgt wird[409]) in wenig transparenten Märkten oder auch durch die Möglichkeit der Untreue durch die Einkäufer („Fraud") sowie durch opportunistisches Verhalten von Vertragspartnern.[410]

Schließlich können Umweltkatastrophen, wie beispielsweise Erdbeben oder politische Risiken, wie strengere Zollformalitäten sowie Terroranschläge, zu weiteren Risiken in der Versorgung führen (wie z.B. Überfälle auf LKW auf Parkplätzen).[411]

4.1.3 Produktionsrisiken

Unter die Produktionsrisiken fallen alle Risiken, die sich aus den Produktions- und Logistikprozessen sowie aus den (Fehl)Entscheidungen des Managements ergeben.[412]

Risiken in der Produktion äußern sich beispielsweise darin, dass das gewünschte Produktionsergebnis nicht erreicht wird. Dies kann einerseits an einem Anlagenausfall aufgrund veralteter oder nicht ausreichend gewarteter Anlagen liegen oder weil qualitativ minderwertige Rohstoffe eingesetzt worden sind.[413] Ein Produktionsrisiko ergibt sich auch, wenn es aufgrund einer unzureichenden Lieferzuverlässigkeit zu einer Produktionsverzögerung kommt.

Produktionsrisiken können auch aus dem Produktionsfaktor Arbeit entstehen. Solche Personalrisiken ergeben sich, wenn z.B. zu wenig Arbeitskräfte eingestellt werden, Arbeitskräfte mit falscher Ausbildung eingesetzt werden, Arbeitskräfte die erwartete Leistung nicht erbringen oder Arbeitskräfte ausfallen.[414]

---

409 Vgl. Henke/Besl 2008, S. 43.

410 Vgl. Gleißner 2008, S. 79f.; Wagner/Bode 2007, S. 64f.

411 Vgl. z.B. Kajüter 2007, S. 13.

412 Vgl. Vahrenkamp 2007b, S. 3; Kersten/Hohrath/Winter 2008, S. 12.

413 Vgl. Rogler 2002, S. 17.

414 Vgl. Reichwald/Erben 2005, S. 184ff. und Pfohl 2002, S. 31ff.; Rogler 2002, S. 18.

Risiken aus Fehlentscheidungen im Management (sog. Entscheidungsrisiken) ergeben sich beispielsweise, wenn in der Beschaffung zu große Mengen bestellt wurden und dies zu erhöhten Lagerkosten führt. Werden zu geringe Mengen bestellt, kommt es in der Produktion zu einem Stillstand oder zu teuren Ersatzbeschaffungen mit entsprechenden Produktionsverzögerungen.[415] Sog. Verhaltensrisiken des Managements resultieren aus den vorhandenen Informationsasymmetrien zwischen den Vertragspartnern.

4.1.4 Umgebungsrisiken

Zu den Umgebungsrisiken zählen u.a. Gefahren durch Naturkatastrophen oder Terrorismus sowie Entführungen beispielsweise von Containerschiffen durch Piraten.[416] Des Weiteren können Änderungen von Gesetzen und Verordnungen, Streiks sowie politische Instabilitäten in den verschiedenen Ländern und die Änderung der Wettbewerbssituation zu den Risiken aus der Umgebung der Unternehmen und der Supply Chain hinzu gezählt werden.[417]

Nach einer empirischen Untersuchung bei produzierenden Unternehmen und Logistikdienstleistern dominieren insbesondere die Demand- und Supply-Risiken.[418] Dieses Ergebnis kann mit der in dieser Arbeit durchgeführten empirischen, branchenunabhängigen Untersuchung bestätigt werden. Zusätzlich zu den Demand- und Supply-Risiken stellen für die befragten Unternehmen jedoch auch die Operationellen Risiken eine große Gefahr dar. Eine ausführliche Darstellung der Ergebnisse der Empirie folgt in Kapitel 5.

Vergleicht man nun die analytische Sichtweise der MaRisk, die zwischen Adressenausfallrisiken, Markpreisrisiken, Liquiditätsrisiken und Operationellen

---

415 Vgl. Rogler 2002, S. 36.

416 Vgl. Jung/Nowitzky 2006, S. 62.

417 Vgl. Christoper/Peck 2004, S. 4f.; Vahrenkamp 2007b, S.2; Steven/Pollmeier 2007, S. 275f.

418 Vgl. Kersten et al. 2007, S. 10 sowie Kersten/Hohrath/Winter 2008, S. 14ff.

Risiken differenzieren, dann stellt man fest, dass diese vier Risikoarten ideal geeignet sind, die zuvor beschriebenen Supply Chain Risiken zu erfassen.

Abbildung 9 sowie die folgenden Beispiele verdeutlichen die Zusammenhänge zwischen den Risikoarten nach den MaRisk und den Logistik-Risiken von Supply Chains noch einmal.

	Supply-Risiken	Demand-Risiken	Produktions-Risiken	Umgebungs-Risiken
Adressenausfall-Risiken	1	2	3	4
Liquiditäts-Risiken	5	6	7	8
Marktpreis-Risiken	9	10	11	12
Operationelle-Risiken	13	14	15	16

Abb. 9: Logistik-Risiken aus Sicht der MaRisk (Quelle: Eigene Darstellung)

Beispiele:[419]

1. Anzahlung wurde an den Lieferanten geleistet. Kurz danach hat der Lieferant aber die Insolvenz beantragt.
2. Lieferung an den Kunden erfolgt ohne Vorkasse. Der Kunde hat kurz nach der Lieferung die Insolvenz beantragt.

[419] Vgl. z.B. Jung/Nowitzky 2006, S. 61f.; Grandjot 2006, S. 24ff.; Huth 2004, S. 1f.; Lasch/Janker 2007, S. 115; Wagner/Bode 2007, S. 64; Wildemann 2008, S. 16; Feisel 2008, S. 26; Vahrenkamp/Siepermann 2007; Pfohl 2008.

3. Geld für gekaufte Maschinen wurde vor der Lieferung bezahlt. Kurz danach hat der Lieferant aber die Insolvenz beantragt.
4. Die Bank, bei der die Unternehmenskonten geführt werden, hat die Insolvenz beantragt.
5. Der Lieferant ändert plötzlich die Zahlungsbedingungen und verlangt ab sofort Vorkasse.
6. Ein großer Teil der Kunden nutzt plötzlich das maximal mögliche Zahlungsziel aus.
7. Deutlicher Preisanstieg bei benötigten Betriebsstoffen, der kurzfristig nicht an die Kunden durchgereicht werden kann.
8. Fällige Kredite werden von der Hausbank nicht verlängert, weil sich die Bonität des Unternehmens verschlechtert hat.
9. Dringend benötigte Rohstoffen sind temporär am Markt nicht verfügbar. Der Markt ist illiquide.
10. Konkurrenzprodukte werden deutlich unter den eigenen Herstellungskosten angeboten.
11. Starker Preisanstieg bei den Betriebsstoffen, die in der Produktion benötigt werden (z.B. Diesel- oder Strompreise).
12. Externe Preissteigerung aufgrund von Gesetzesänderungen, wie beispielsweise der Einführung der LKW-Maut.
13. Entführung des Containerschiffs, auf dem dringend benötigte Rohstoffe für das Unternehmen transportiert werden.
14. Von Kunden bezahlte Waren gehen auf dem Weg zum Kunden spurlos verloren.
15. Die Produktionshalle brennt aufgrund eines Kabelbrandes von einem Gabelstapler ab.
16. Extremer Wintereinbruch führt zum Zusammenbruch der gesamten nationalen logistischen Infrastruktur (Eisenbahn, Straßen etc.).

Nachfolgend werden in einer kurzen Übersicht zunächst die Methoden bzw. Instrumente im Risikomanagement zusammenfassend dargestellt, bevor im Anschluss daran in Kapitel 4.3 Anforderungen an ein Risikomanagementsystem in der Logistik von Unternehmensnetzwerken definiert werden.

4.2 Methoden und Instrumente

In der Literatur zum Risikomanagement gibt es verschiedene Methoden und Instrumente, die in den einzelnen Phasen des in Kapitel 3.5.1 beschriebenen Risikomanagementprozesses zur Anwendung kommen können.[420] Die nachfolgende Auflistung erhebt keinen Anspruch auf Vollständigkeit, sondern soll nur einen kurzen Überblick über mögliche Tools im Rahmen des Risikomanagements geben.

Die einzelnen Instrumente können nicht isoliert voneinander betrachtet werden und somit auch nicht eindeutig einzelnen Phasen des Risikomanagementprozesses zugeordnet werden, sondern müssen vielmehr im Gesamtzusammenhang gesehen werden. Bei der Auswahl und der Kombination der einzelnen Instrumente ist ein auf die Bedürfnisse des Unternehmens bzw. Unternehmensnetzwerks (wie z.B. Unternehmensgröße, Geschäftsfelder, Risikopräferenz, etc.)[421] ausgerichteter individueller Instrumenten-Mix anzustreben.

Aus der Vielzahl der in der Literatur beschriebenen Methoden und Instrumente sind im Folgenden die wichtigsten exemplarisch herausgegriffen worden. Für einen tieferen Einblick zu den einzelnen Instrumenten wird an dieser Stelle auf die angegebene Literatur verwiesen:[422]

- **Self-Assessment:** Das Self-Assessment ist eine subjektive Methode zur regelmäßigen, strukturierten Bewertung der möglichen Risiken in einem Funktionsbereich. Die Subjektivität ist bewusster Bestandteil dieser Methode.

---

420 Vgl. z.B. Braun 1984, S. 227ff.; Zellmer 1990, S. 32ff.; Fasse 1995, S. 80; Weber/Weißenberger/Liekweg 1999, S. 1713.

421 Vgl. Burger/Buchhart 2002, S. 63

422 Vgl. Vahrenkamp 2007, S. 5f.; Pfohl/Gallus/Köhler 2008, S. 36ff.; Winkler/Kaluza 2007, S. 329; Lingnau/Jonen 2007, S. 337ff.; Burger/Buchhart 2002, S. 67ff.; Wolf 2003, S. 54; Stölzle 2003, S. 118ff; Schierenbeck/Lister 2001, S. 329ff.; Gleißner 2008, S. 59; Hallikas et. Al. 2002, S. 7; Krampe/Muller 1981, S. 381; Eberle 2005, S. 90; Junginger 2005, S. 215, 222f., 225 und 232; Scheuch 1973, S. 71; Macharzina 2003, S. 741; Matzenbacher et al. 1999, S. 18; Schierenbeck/Lister 2001, S. 350f.; Hölscher 1999, S. 320f.; Thom 2008, S. 111ff.; Gerpott/Hoffmann 2008, S. 11; BaFin 2007a, BTR 1-4, S. 23-27 sowie Kapitel 6 in dieser Arbeit.

Bei den Ergebnissen handelt es sich um zukunftsgerichtete Einschätzungen eines Befragten mit Blick auf seinen Funktionsbereich.

- **Checklisten:** Checklisten sind in der Regel standardisierte Fragebögen zur systematischen Erfassung von Risiken. Sie können sowohl offene als auch geschlossene Fragen enthalten. Checklisten bergen jedoch die Gefahr, dass bei einer unreflektierten Abarbeitung der Fragen nur bekannte Risiken hinterfragt werden und Veränderungen im Umfeld oder Risiken aus anderen Bereichen unberücksichtigt bleiben. Dies ist insbesondere dann der Fall, wenn neue Risikobereiche hinzukommen, die bisher nicht durch die bestehenden Checklisten erfasst werden.
- **Frühwarnmethoden (z.B. Value at Risk-Rechnungen[423] etc.[424]):** Frühwarnmethoden bieten den Unternehmen die Möglichkeit, Veränderungen angenommener Rahmenbedingungen rechtzeitig zu identifizieren. Somit können bereits vor dem tatsächlichen Eintritt sich anbahnender Ereignisse, Maßnahmen zur Abwendung von Bedrohungen eingeleitet werden. Ein effizientes Risikomanagementsystem hat in diesem Rahmen die Aufgabe, Unternehmen möglichst frühzeitig Hinweise auf sich abzeichnende, noch nicht bekannte Ereignisse zu geben.
- **Brainstorming:** Das Brainstorming zählt zu den Kreativitätstechniken. Beim Brainstorming geht es darum, dass eine Brainstorming-Gruppe spontan und ungehemmt alle Gedanken äußern kann, von denen vermutet wird, dass sie mit der Fragestellung irgendwie in Verbindung stehen. Ziel der Methode ist die Produktion möglichst vieler Ideen in kurzer Zeit. Wird das Brainstorming in schriftlicher Form durchgeführt, spricht man vom Brainwriting.

---

423 Der Value at Risk (VaR) bezeichnet ein Standardrisikomaß aus dem Finanzsektor, das angibt, welchen Wert der Verlust einer bestimmten Risikoposition (z.B. eines Portfolios von Wertpapieren) mit einer gegebenen Wahrscheinlichkeit und in einem gegebenen Zeithorizont nicht überschreitet. Mittlerweile wird das Konzept auch im Realsektor für die Quantifizierung bestimmter Risiken (meist finanzwirtschaftliche Risiken) eingesetzt. Vgl. Wolke 2008, S. 27; Börner/Büschgen 2003, S. 265.

424 Ein weiteres Tool zur Frühwarnung ist das Tool für die Erdbebenvorhersage der japanischen Elektronikindustrie oder die Datenbank für Schüttgütertransportschiffe. Vgl. Vahrenkamp 2007b, S. 6.

- **Interview:** Ein Interview ist ein Element einer Befragung, bei der eine (Versuchs-)Person mit Hilfe eines planmäßigen Vorgehens persönlich oder telefonisch anhand gezielter Fragen durch eine interviewende Person zu verbalen Aussagen veranlasst wird.
- **Risikopotenzial-Analyse:** Die Risikopotenzial-Analyse (RPA) kann nicht unbedingt als isoliertes Element des Regelkreises angesehen werden, da sie in mehreren Phasen des Risikomanagementprozesses zur Anwendung kommen kann. Die RPA ist ein Verfahren zur systematischen und bewussten Einschätzung des Risikopotenzials eines möglichen Projektes/einer möglichen Investitionen etc. Sie ermöglicht es, anhand bestimmter Kriterien einzelne Märkte anhand ihrer Potenziale und Risiken gegenüberzustellen und dient damit einer schnellen, aber relativ fundierten Entscheidung über die weitere Vorgehensweise. Dabei erfolgt eine Orientierung an den Unternehmenszielen, der technischen und wirtschaftlichen Leistungsfähigkeit des Unternehmens bzw. Unternehmensnetzwerkes sowie der Vertragssituation.
- **Expertenbefragung:** Die Expertenbefragung gehört zu den qualitativ geprägten Prognosetechniken. Hierbei handelt es sich um eine Befragung von Wirtschaftssubjekten bezüglich einer zu prognostizierenden Größe. Experten verfügen in der Regel über Spezialwissen und haben daher eine fachliche Autorität zur Einschätzung zukünftiger Ereigniseintritte.
- **Risikoportfolio:** Zur Visualisierung des individuellen Risikoportfolios eines Unternehmens haben sich sog. Risk-Maps bewährt. Eine Risk-Map ist eine Risikokarte, die einen Überblick über die aktuelle Risikosituation des Unternehmens gibt bzw. in der Risikoprozesse eines Geschäftsfeldes oder Unternehmensbereichs priorisiert nach Wesentlichkeit und Eintrittswahrscheinlichkeit eingetragen und dokumentiert werden und damit die Risikosituation des Unternehmens visualisieren. Sie gibt dem Management einen Überblick über die Risiken sowie eine (grobe) Stoßrichtung für die Risiko-Steuerung.
- **Szenariosimulationen:** Mit Hilfe von Szenariosimulationen sollen Einschätzungen des Einflusses von internen (z.B. Veränderungen der Organisationsstruktur) und externen (z.B. Änderungen von ökonomischen, rechtlichen oder technologischen Rahmenbedingungen) Faktoren auf die Gesamtrisikopositi-

on eines Unternehmens unterstützt werden. Hierzu werden Annahmen über die zeitliche Entwicklung der Faktoren sowie Veränderungen ihres Einflusses getroffen. Die Veränderungen werden dann als Grundlage für die Aufstellung von konsistenten und plausiblen Szenarien (Zukunftsdeutungen) genutzt.

- **Fehlerbaumanalyse:** Bei der Fehlerbaumanalyse handelt es sich um ein deduktives Analyseverfahren, das zur Untersuchung der Zuverlässigkeit komplexer Produkte und Prozesse entwickelt wurde. Nach der DIN 25424 handelt es sich bei einem Fehlerbaum um die grafische Darstellung von Fehlerbaumeingängen, die zu einem vorgegebenen unerwünschten Ereignis führen. Der Ausgangspunkt einer Fehlerbaumanalyse ist ein bereits gestörtes System. Ziel ist es, eine detaillierte Ursachenanalyse für die Störung des Gesamtsystems durchzuführen.
- **Schadensfalldatenbank:** In einer Schadensfalldatenbank werden Schadensfälle gesammelt und thematisch geordnet. Sie dient dazu, den Bezug zu tatsächlich eingetretenen Schäden ex post herzustellen und diese Schäden zu archivieren. Gleichzeitig bildet sie die Basis zur Verifizierung der im Self-Assessment gesammelten Daten und Einschätzungen.
- **Versicherungsdatenbank:** Analog zu einer Schadensfalldatenbank werden in einer Versicherungsdatenbank alle für das Unternehmen bzw. Unternehmensnetzwerk und seinen Mitarbeitern abgeschlossen Versicherungsverträge archiviert.
- **Risiko- und Schadensbericht:** Die Berichterstattung ist die notwendige Bedingung für ein angemessenes und wirksames Risikomanagement und wird explizit in den MaRisk gefordert.

Da das Risikomanagement in Unternehmensnetzwerken über die Anforderungen des Risikomanagements an einzelne Unternehmen hinausgeht,[425] werden nachfolgend, ausgehend von den bisherigen Ausführungen, die Anforderungen an den Aufbau eines Risikomanagementsystems in der Logistik von Unternehmensnetzwerken definiert. Vor dem Hintergrund dieser Anforderungen werden

[425] Vgl. Vahrenkamp 2007b, S. 6.

anschließend in Kapitel 6 die ausgewählten MaRisk-Module aus Kapitel 3.5.3 ausführlich diskutiert.

4.3 Anforderungen an ein Risikomanagementsystem in der Logistik von Unternehmensnetzwerken

Wie in den vorangegangenen Kapiteln dargestellt wurde, ist die Beziehung zwischen den Netzwerkpartnern durch ein interdependentes Verhältnis charakterisiert, welches durch opportunistisches Verhalten gestört werden kann.

Es wurde deutlich, das die Vorteile von Netzwerkbeziehungen nur ausgenutzt werden können, wenn die Netzwerkpartner ihre entsprechenden vertraglich fixierten Beiträge einbringen und sich nicht opportunistisch verhalten. Analog dazu ist davon auszugehen, dass ein Logistik-Risikomanagementsystem in einem Unternehmensnetzwerk nur funktionieren kann, wenn die Netzwerkpartner ihre jeweiligen Beiträge leisten und sich nicht opportunistisch verhalten.

Ziel muss es somit sein, den Opportunismus der Netzwerkpartner zu reduzieren, da dieser die Leistungsfähigkeit des Logistik-Risikomanagementsystems durch das Fehlen der jeweiligen Beiträge gefährdet und „Reibung" (Transaktionskosten) verursacht.

Um aber zu klären, welche der einzelnen MaRisk-Module Opportunismus erzeugen bzw. reduzieren können (bzw. damit einhergehend, welche der MaRisk-Module bei der Implementierung bezogen auf den übergeordneten institutionellen Handlungsrahmen Probleme verursachen können), muss erst einmal ein **Anforderungsprofil an ein Logistik-Risikomanagementsystem** von Unternehmensnetzwerken aus den bisherigen Ausführungen abgeleitet werden, was nachfolgend dargestellt ist.

Wie bereits erläutert wurde, ist der Verteilungskonflikt der Anreize und Beiträge zwischen den Netzwerkpartner als Hauptursache für Opportunismus anzusehen. Die von den Netzwerkpartnern geleisteten Beiträge (einschließlich der spezifischen Investitionen) können einen Anreiz erzeugen, die Vertragsbeziehungen durch opportunistische Maßnahmen „nachzuverhandeln“, um den jeweils geleisteten Einsatz zu „amortisieren“.

Insbesondere bei negativ wahrgenommenen Störungen ihrer Anreiz-Beitrags-Bilanzen ist davon auszugehen, dass die Netzwerkpartner durch „Nachverhandlungen“ versuchen werden, zusätzliche Anreize für sich zu beanspruchen, um ihren geleisteten Einsatz zu „amortisieren“. Solche „Nachverhandlungen“ äußern sich darin, dass die dem Vertragsverhältnis zugrunde liegenden Verträge und Regelwerke sowie die damit implizit verbundenen Rollenerwartungen nicht vollständig eingehalten, absichtlich fehlinterpretiert oder sogar vollständig missachtet werden.

Die opportunistischen „Nachverhandlungen“ der Vertragsbeziehungen werden zusätzlich begünstigt durch:[426]

- unvollständige Verträge,[427] die aufgrund der begrenzten Rationalität der Akteure und der Komplexität bestehen, sowie durch vorhandene
- Informationsasymmetrien zwischen den Vertragsparteien,[428] die aufgrund der Selbstständigkeit der Vertragspartner gegeben sind.

Um Opportunismus aber entgegenzuwirken, müssen die jeweiligen subjektiv wahrgenommenen Anreiz-Beitrags-Bilanzen der Netzwerkpartner langfristig ausgeglichen sein.

Die subjektive Wahrnehmung des Verhältnisses zwischen Anreizen und Beiträgen der Netzwerkpartner kann sich allerdings im Zeitablauf durch:

- „externe Einflüsse“ (wie z.B. durch den Eintritt neuer Wettbewerber in den Markt oder Gesetzesänderungen) und/oder durch
- „interne Einflüsse“ (wie z.B. durch die Änderung der Bedürfnisse der Netzwerkpartner oder durch fehlende Beiträge) verändern.

---

[426] Vgl. Brickley/Dark 1987, S. 407.

[427] Vgl. Göbel 2002, S. 134.

[428] Vgl. Göbel 2002, S. 133.

Damit die Anreiz-Beitrags-Bilanzen der Netzwerkpartner in Bezug auf das Logistik-Risikomanagementsystem langfristig ausgeglichen sind (und somit dem Opportunismus entgegenwirken), müssen die nachfolgend dargestellten **drei Forderungen** erfüllt sein, die anschließend näher erläutert werden:

1 Forderung: Genaue Beschreibung der vereinbarten Anreize und Beiträge (d.h. Regeln, Definitionen etc.), um Interpretations- und Auslegungsproblemen vorzubeugen.

2 Forderung: Ständige Kontrolle der Anreiz-Beitrags-Bilanzen der Netzwerkpartner auf Ausgeglichenheit.

3 Forderung: Maßnahmen zur Kompensation von Störungen, bei denen die Anreiz-Beitrags-Bilanzen der Netzwerkpartner sonst aus dem Gleichgewicht geraten würden.

Die der Austauschbeziehung zwischen den Netzwerkpartner zugrunde liegenden vereinbarten Anreize und Beiträge müssen eindeutig geregelt sein, um Interpretations- sowie Auslegungsproblemen und sich daraus evtl. ergebenden Konflikten präventiv vorzubeugen.[429]

Die Netzwerkpartner stehen aufgrund der engen interdependenten Beziehung und der durch Funktionsteilung realisierten Spezialisierung untereinander in einer speziellen Beziehung, die durch unterschiedliche „Rollenbilder" zum Ausdruck kommt.[430] Probleme entstehen jedoch, wenn die Rollenvorschriften be-

---

429 Die eindeutige Festlegung der Anreize und Beiträge stellt in diesem Zusammenhang quasi die notwendige Bedingung für die Bildung von Verhaltenserwartungen dar, die nach Luhmann das ordnende Element in jedem System (und somit auch in einem Unternehmensnetzwerk) sind. Vgl. Luhmann 1995, S. 59. Allerdings gibt es nach Luhmann „...kein vollständig formalisiertes System in dem Sinne, dass alle Erwartungen und Handlungen des Systems formal organisiert wären." Luhmann 1995, S. 27. Der Begriff Formalität nennt in diesem Zusammenhang in Bezug auf ein System nicht einfach eine Qualität, die das System besitzt oder nicht besitzt, sondern eine graduelle Charakterisierung. Vgl. Luhmann 1995, S. 38. „Er bezeichnet das Ausmaß, in dem Erwartungen eines Systems formalisiert sind". Luhmann 1995, S. 38.

430 Als Rolle wird die Gesamtheit aller Vorschriften bezeichnet, die das Verhalten definieren, das von dem Inhaber einer Position gewünscht oder erwartet wird. Vgl. Ahlert 1996, S. 93f. Die Rollen in einem Logistik-Unternehmensnetzwerk sind beispielsweise die Rolle des Distributors oder die Rolle des Entsorgers.

zogen auf die Anforderungen aus dem Logistik-Risikomanagementsystem nicht explizit definiert sind.

Gerade durch die bei einem Unternehmensnetzwerk naturgegebene Informationsasymmetrie ist es für die Netzwerkpartner möglich, die mit der jeweiligen Rolle verbundenen Aufgaben, Prozess- und Kommunikationsabläufe in einem gewissen Rahmen neu zu „definieren" und somit ggf. „nachzuverhandeln". Mangelnde Erfüllung der Rollen kann aber die Existenz des gesamten Logistik-Risikomanagementsystem in Frage stellen.

Ein hoher Grad an Formalisierung erhöht durch eine bessere Abschätzbarkeit der jeweiligen Situation für beide Seiten die Sicherheit in der gemeinsamen Zusammenarbeit, da die Möglichkeit von unterschiedlichen Interpretationen und damit verbundene Nachverhandlungs-, Kontroll- und Konfliktlösungskosten im Keim erstickt werden. Allerdings reicht eine bloße schriftliche Fixierung der formalen Regelungen im Handbuch oder in zusätzlichen Unterlagen nicht aus. Vielmehr müssen die formalen Regelungen auch allen Netzwerkpartnern bekannt sein, damit von ihnen überhaupt Gebrauch gemacht werden kann.

Um sicherzustellen, dass die jeweiligen Anreiz-Beitrags-Salden ausgeglichen sind und die Netzwerkpartner ihre Beiträge auch leisten, müssen die jeweiligen Anreiz-Beitrags-Bilanzen der Netzwerkpartner ständig kontrolliert und angepasst werden. Insbesondere muss in diesem Zusammenhang fortwährend kontrolliert werden, ob die gegebene Anreiz-Beitrags-Struktur für die Netzwerkpartner noch attraktiv in Bezug auf deren Wünsche und Bedürfnisse ist und in Bezug auf die jeweiligen Salden in einem angemessenen Verhältnis zueinander stehen. Dazu müssen alle Netzwerkpartner bei der Willensbildung direkt oder indirekt beteiligt werden und sich untereinander über Ihre Bedürfnisse und Wünsche sowie über die von ihnen wahrgenommenen Anreize und Beiträge austauschen und gemeinsam einvernehmliche Lösungen generieren.

Es ist jedoch davon auszugehen, dass es nicht immer gelingen wird, eine von allen Netzwerkpartner als fair empfundene Lösung zu generieren oder die gemeinsam gefundene Lösung zeitnah umzusetzen. Für solche Störungen sollte das System Idealerweise einen Mechanismen besitzen, der den betroffenen Netzwerkpartner die Möglichkeit bietet, nicht opportunistische Maßnahmen zu ergreifen, um auf die Wiederherstellung eines für sie akzeptablen Verhältnisses ihrer jeweiligen Anreiz-Beitrags-Bilanz aktiv einzuwirken.

5 Empirie: Risikomanagement in der Praxis

In den vorangegangenen Kapiteln wurde ausführlich beschrieben, dass die Funktionsfähigkeit von Kreditinstituten eine notwendige Bedingung für hoch spezialisierte arbeitsteilige Austauschbeziehungen in und zwischen modernen Volkswirtschaften bildet.[431] Ebenso wurde ausführlich beschrieben, dass analog eine funktionsfähige Logistik (in und) zwischen Unternehmen eine notwendige Bedingung für hoch spezialisierte arbeitsteilige Volkswirtschaften bildet, da grundsätzlich alle (arbeitsteilig) hergestellten und gehandelten Produkte[432] transportiert, gesammelt, gelagert und verteilt werden müssen.[433] Zwar sind die einzelnen Logistikprozesse in und zwischen den Unternehmen nicht so eng miteinander verzahnt, wie der internationale Geldkreislauf[434], aber Störungen durch eingetretene Risiken können auch hier zu unerwünschten Reibungsverlusten führen.

Wie bereits erläutert, ist der (elektronische oder physische) Tausch von Geld als Zwischentauschmittel für Waren und Dienstleistungen abstrakt betrachtet nichts anderes als ein **Spezialfall der Logistik.**

Die der vorliegenden Untersuchung **implizit zugrunde liegende Arbeitshypothese** besagt, dass es grundsätzlich möglich sein müsste, die MaRisk auf die Logistik in Unternehmensnetzwerken zu übertragen. Somit liegt das zentrale Anliegen dieser Arbeit in der **Klärung der Frage**, ob und wenn ja, wie die MaRisk in Kreditinstituten auf die Logistik in Unternehmensnetzwerken übertragen werden können. Um zu überprüfen, ob die hohe Bedeutung des Risikomanagements (sowie einzelner Module) durch die Praxis im Grundsatz nach bestätigt werden kann, wurden verschiedene Unternehmen (Non-Banks) aus unterschiedlichen Branchen und von unterschiedlicher Größe hierzu befragt.

---

431 Vgl. Kapitel 1.

432 Sowie die zur Produktion notwendigen Rohstoffe und entsprechenden Zwischen- und Abfall-Produkte.

433 Vgl. Vahrenkamp 2007a, S. 2-8.

Bei der Befragung kam ein standardisierter Fragebogen zum Einsatz, der den Unternehmen per Post zugestellt wurde. Den versendeten Fragebögen selbst war ein Begleitschreiben des Lehrstuhls für Produktionswirtschaft und Logistik der Universität Kassel beigefügt, in dem den Befragten strengste Vertraulichkeit und Anonymität zugesichert wurde.

Insgesamt wurden 305 Fragebögen verschickt. Die Unternehmen hatten die Möglichkeit, die ausgefüllten Fragebögen per Post, per Fax oder auch per Email zurückzuschicken. Die Gesamtzahl der zurückerhaltenen Fragebögen belief sich auf 19 auswertbare Fragebögen.[435] Dies entspricht einer Rücklaufquote von 6%. Üblicherweise liegen die Rücklaufquoten bei schriftlichen Befragungen zwischen 5% und 30%.[436] Als Ergebnis eines einzigen Anschreibens kann diese explorative[437] Studie, vor dem Hintergrund des sensiblen Themenbereichs, somit als zufriedenstellend angesehen werden.

Zunächst wurden im Fragebogen Basisdaten der Unternehmen wie Branchenzugehörigkeit, Größenzuordnung, Jahresumsatz und Anzahl der Mitarbeiter ermittelt. Es wurde versucht, bezüglich der Branchenstruktur eine repräsentative Auswahl zusammenzustellen, um Verzerrungen durch Überbetonung einzelner Branchen oder besonders großer oder kleiner Unternehmen auszuschließen.

Ebenso ist es grundsätzlich gelungen, eine repräsentative Auswahl bezüglich der Größe zusammenzustellen. An der Befragung nahmen 10 große und 7 mittlere Unternehmen teil, 2 Unternehmen machten keine Angaben zu ihrer Größe.[438]

---

434 Insbesondere durch das an sie gebundene Vertrauen.

435 Anzahl der Rückläufe absolut: Post: 3, Fax: 10, Email: 6.

436 Vgl. Herrmann/Homburg 2000, S. 27; Meffert 1992, S. 202.

437 Explorative Verfahren dienen mehr dem Zweck der Generierung von Ideen und Hypothesen als der Überprüfung von Annahmen.

438 Die Unternehmen wurden bei der Befragung darum gebeten, ihre Größenzuordnung selber in Bezug auf Ihre Branche anzugeben.

Branche	Rücklauf absolut
Logistik/Transport/Industrie	2
Handel	5
Logistikdienstleistung	3
Chemie	3
Energie	1
Pharma	1
Lebensmittelindustrie	1
Produktion	1
Healthcare	1
Textile Dienstleistung	1

Tab. 5: Rücklauf der nationalen Befragung nach Branchen

Die übrigen Fragen des Fragebogens behandelten die Aspekte eines ganzheitlichen Risikomanagements. Hierzu wurde der Fragebogen, in Anlehnung an die MaRisk, in 5 Frageblöcke aufgeteilt. Diese Frageblöcke befassten sich mit Fragen zum Risikomanagement (mit expliziter Berücksichtigung von Logistik-Risiken), zum Schadensfallmanagement sowie zum Versicherungs- und Notfallmanagement. Die Ergebnisse der einzelnen Frageblöcke sind im Nachfolgenden dargestellt.

5.1 Frageblock: Risikomanagement

System-Implementierung: Die Ausgestaltung der Risikomanagementsysteme in den befragten Unternehmen zeigt im Allgemeinen eine sehr unterschiedliche Ausprägung. Von den 19 Unternehmen, die geantwortet haben, haben bereits 14 ein Risikomanagementsystem in ihrem Unternehmen implementiert. Bezüglich der Größenzuordnung ist zu konstatieren, dass alle großen Unternehmen bereits ein Risikomanagementsystem eingeführt haben, hingegen ist ein Risikomanagementsystem nur bei 3 Unternehmen mittlerer Größe vorhanden.

Definition: Grundlage für eine intensive Auseinandersetzung mit Risikoproblemen und Risikomanagementsystemen muss zunächst eine eindeutige Klärung des Begriffs Risiko[439] sein. Eine solche zielführende, unternehmensweit etablierte Definition sorgt für ein einheitliches Risikoverständnis sowie eine von allen verstandene „Risikosprache“. In über 50% der befragten Unternehmen ist eine Definition des Risikobegriffs vorhanden.

Risikoarten: Eine weitere Grundvoraussetzung für ein angemessenes und wirksames Risikomanagementsystem nach den MaRisk ist die Festlegung und Systematisierung der Risiken. In den befragten Unternehmen gehören Beschaffungsmarkt- und Absatzmarktrisiken, Risiken aus Forderungen (wie z.B. Kundenkredite, Beteiligungen, Geldanlagen) und aus Verbindlichkeiten (wie z.B. eigene Refinanzierungsrisiken), Liquiditätsrisiken und Operationelle Risiken (OR) zu den vorherrschenden Risikoarten, welche in ihrem Risikomanagementsystem betrachtet werden. Vier der befragten Unternehmen bilden alle zuvor genannten Risikoarten in ihrem Risikomanagementsystem ab. Am häufigsten (mit 13 Nennungen) werden die Operationellen Risiken in den Risikomanagementsystemen berücksichtigt.

Die größten Gefahren bergen nach der Meinung der befragten Unternehmen die Absatzmarkt- und die Operationellen-Risiken (mit 12 bzw. 11 Nennungen), gefolgt von Beschaffungsmarktrisiken. Interessanterweise wird den Risiken aus Forderungen und aus Verbindlichkeiten trotz der gegenwärtig andauernden Weltfinanzkrise nur eine untergeordnete Rolle hinsichtlich der Gefährdung beigemessen (mit 2 bzw. 0 Nennungen).

Organisation: Im Rahmen der Risikomanagement-Organisation wurde danach gefragt, wo das Risikomanagement im Unternehmen angesiedelt ist. In über 50% der befragten Unternehmen ist es noch üblich, dass die Verantwortlichkeit für das Risikomanagement bei einem Mitarbeiter liegt, der diese Aufgabe zusätzlich macht. Einen speziellen Risikomanager, findet man nur in 6 der befragten Unternehmen.

---

[439] Unter dem Begriff Risiko wird allgemein eine Verlust- oder Schadengefahr verstanden, die entsteht, wenn eine erwartete zukünftige Entwicklung negativer verläuft als geplant oder sogar existenzbedrohend wird. Vgl. Krumnow/Gramlich/Lange/Dewner 2002, S. 1107.

Regelungen: Weiterhin wurden die Unternehmen gefragt, ob sie über ein Risikomanagementhandbuch verfügen, welches die organisatorischen Regelungen und Maßnahmen enthält. Nur 11 der 14 Unternehmen, die ein Risikomanagementsystem besitzen, verfügen über ein solches Risikomanagementhandbuch. Eng verbunden mit dem Risikomanagementhandbuch, sind entsprechende Mitarbeiterschulungen[440], mit denen das Regelwerk im Unternehmen kommuniziert wird. Entsprechende Schulungen werden allerdings nur von 7 Unternehmen durchgeführt. Für ein angemessenes und wirksames Risikomanagementsystem nach den MaRisk ist es darüber hinaus unerlässlich, Eskalationsregeln zu definieren, die bei Regelungslücken (z.B. unklaren Definitionen) greifen. In über 80% der Fälle sind bei den befragten Unternehmen keine Eskalationsmechanismen definiert. Ebenso verhält es sich bei der Definition von Eskalationsmechanismen, die bei Meinungsverschiedenheiten zwischen den Organisationseinheiten greifen (z.B. Meinungsverschiedenheiten hinsichtlich der Einschätzung von abteilungsübergreifenden Risiken). Auch hier sind es fast 80% der Unternehmen, die hierzu keine klaren Regelungen implementiert haben.

Risikoidentifikation: Zur Identifizierung von Risiken werden die für die jeweilige Abteilung bzw. Funktionsspezialisten wesentlichen, realen und bedrohlichen Risiken erfasst. Dies geschieht i.d.R. anhand einer mindestens einmal jährlich stattfindenden Risikoinventur. Idealerweise sollten die identifizierten Risiken mit einer Risikoschadensfalldatenbank abgeglichen werden.[441] Die Risikoinventur wird von weit über 50% der befragten Unternehmen durchgeführt. Die am häufigsten verwendeten Risikoinventurmethoden sind Self-Assessment und Interviews (mit 9 bzw. 8 Nennungen).

Risiko-Bewertung (langfristiger Forecast): Die Risiko-Bewertung dient i.d.R. der Quantifizierung einer möglichen Auswirkung identifizierter Risiken. Das

---

440 Schulungen können dazu beitragen, Risiken im Unternehmen zu reduzieren, weil sie die Möglichkeit bieten, den Mitarbeitern Transparenz zu verschaffen und sie motivieren kann, das Risikomanagementsystem nicht (nur) als zusätzliche Arbeitsbelastung anzusehen, sondern aktiv an einem Unternehmensprozess teilhaben zu lassen. Vgl. Jung/Nowitzky 2006, S.62.

441 Vgl. hierzu Kapitel 4.2 sowie Kapitel 6.1.11.

Ausmaß eines Risikos wird durch die Bewertung der Wahrscheinlichkeit des Auftretens und der Höhe des damit verbundenen potenziellen Schadens eingeschätzt. Zusätzlich werden Szenariosimulationen (d.h. Was-Wäre-Wenn-Rechnungen) erstellt, um mögliche Verbundrisiken aus Einzelrisiken und deren Wechselwirkungen zu beurteilen. Langfristig (d.h. Ausblick > 1 Jahr) werden regelmäßige Szenariosimulationen von 9 der befragten Unternehmen zu ausgewählten Risikoarten durchgeführt. Ein Unternehmen führt diese Berechnung sogar für alle im Unternehmen vorherrschenden Risikoarten durch. Von diesen 10 Unternehmen (9+1) führen 8 Unternehmen auch sogenannte Worst-Case-Simulationen[442] durch. Der Planungshorizont für die durchgeführten Szenariosimulationen liegt bei den meisten Unternehmen (8 Nennungen) bei bis zu 5 Jahren. Nur 2 Unternehmen planen ihren langfristigen Forecast über 5 Jahre.

Risiko-Bewertung (kurzfristiger Forecast): Kurzfristig (d.h. unterjährig) sollten zur Risiko-Bewertung Limits gesetzt werden. Das Setzen von Limits für aktuell bestehende Risiken ist aufgrund der vorherrschenden Probleme auf den Finanzmärkten wichtiger denn je. Die Sensibilisierung hierfür ist allerdings noch nicht bei allen Unternehmen vorhanden, denn nur die Hälfte der befragten Unternehmen verfügen über solche Limits. So haben sechs der befragten Unternehmen zumindest zu ausgewählten Risikoarten einen kurzfristigen Überblick über die zurzeit bestehenden Risiken. Vier Unternehmen haben hingegen zu allen von ihnen berücksichtigten Risikoarten Limits.

Reporting: Das Risiko-Reporting verfolgt als Zielsetzung die Aufbereitung, Verdichtung und Kanalisierung der Daten in Form systematischer interner Risiko-Reportings bezogen auf einzelnen Risikoarten. Dabei gibt es zum einen das Standard-Risiko-Reporting bezogen auf einzelne Risiken und zum anderen Regelungen zu Ad-hoc-Meldungen.[443] Die Kommunikation der Risikosituation

---

442 Das Worst-Case-Szenario erfüllt hierbei eine Doppelfunktion: die Warnung vor dem Schlimmsten und zugleich die eingebaute Entwarnung, weil es ja meist nicht ganz so schlimm kommt.

443 Umfang und Turnus der Standard-Risikoreports variieren je nach Bedeutung sowie aufsichts-rechtlichen Vorgaben. Ad-hoc-Meldungen werden insbesondere bei Überschreitung festgelegter Schwellenwerte/Limite ausgelöst.

findet bei 9 der befragten Unternehmen in regelmäßigen Abständen statt. Acht Unternehmen verwenden hierzu sogar einen gesonderten Risiko-Bericht. Erschreckend ist jedoch, dass lediglich bei 5 Unternehmen genaue Vorgaben für Ad-hoc-Meldungen gemacht werden. Denn es sind insbesondere die Vorgaben für Ad-hoc-Meldungen, die darüber entscheiden, ob das Management bei einer plötzlich eintretende Verschlechterung der Risikosituation überhaupt noch handeln kann (vgl. „Auszahlungspanne" bei der KfW-Bank).

5.2 Frageblock: Logistikleistungen und -prozesse

System-Implementierung: Da Risiken aus Logistikleistungen und -prozessen, wie gesehen, den gesamten Ablauf in einer Wertschöpfungskette stören können, war es ein Anliegen der Untersuchung nach ihrer gesonderten Erfassung im Risikomanagementsystem zu fragen. Die Befragung hierzu ergab, dass nur 7 Unternehmen diese Risiken gesondert erfassen.

Risikoarten: Die am häufigsten vorkommenden Logistik-Risiken sind dabei die Beschaffungsrisiken, Distributionsrisiken und Steuerungsmechanismen in der Logistikkette/des Logistiknetzwerkes.

Organisation: Zur Risikomanagement-Organisation der Logistik-Risiken wurde zunächst danach gefragt, welche Funktionsbereiche (Einkauf/Beschaffung, Produktion, Absatz und Verwaltung) des Unternehmens mit einem Risikomanagementsystem abgedeckt sind. Wie in den bisherigen Erläuterungen gesehen, ist der Bereich Einkauf/Beschaffung als erste Stufe im Wertschöpfungsprozess, entscheidend für den „Erfolg" der nachgelagerten Stufen, wie beispielsweise der Produktion. Daher ist es auch nicht verwunderlich, dass in allen der befragten Unternehmen mit einem Risikomanagementsystem in jedem Fall der Bereich Einkauf/Beschaffung unterlegt ist.

Eine weitere Frage im Rahmen der Risikomanagement-Organisation bezog sich wiederum auf die Verantwortlichen für das Risikomanagement. Auch im Bereich der Logistikleistungen und -prozesse liegt die Verantwortung für das Risikomanagement in der Regel (7 Nennungen) bei einem Mitarbeiter, der diese Aufgabe zusätzlich übernimmt. Einen zentralen Logistik-Risikomanager findet man nur in einem der befragten Unternehmen.

Risikoidentifikation: Analog zur Risikoidentifikation im Risikomanagement kommt auch bei der Identifizierung der Logistik-Risiken hauptsächlich die Risikoinventur (mit 10 Nennungen) als Instrument zum Einsatz. Weitere Tools, die entweder einzeln oder in Kombination eingesetzt werden sind die Risikomatrix, Frühwarnsysteme (kurzfristig und langfristig) und die Risiko-Potenzial-Analyse.

5.3 Frageblock: Schadensfallmanagement

System-Implementierung: Ein Schadensfallmanagementsystem erfasst und strukturiert die in den einzelnen Unternehmensbereichen aufgetretene Schäden und trägt damit deutlich zu einer Transparenzfindung hinsichtlich der Leistungsfähigkeit eines Unternehmens bei. Somit ist es auch nicht verwunderlich, dass 15 der 19 befragten Unternehmen ein Schadensfallmanagement implementiert haben.

Definition: Fast ebenso häufig (mit 12 Nennungen) findet sich auch eine entsprechende Definition zum Begriff des Schadens. Dabei werden folgende Dimensionen durch die Schadensdefinition in den befragten Unternehmen abgedeckt:

- Ausgabewirksamer Aufwand (mit 13 Nennungen),
- versicherte und nicht versicherte Schäden (mit 12 bzw. 10 Nennungen),
- entgangener Gewinn (mit 9 Nennungen) sowie
- interne und externe Fraudhandlungen (mit jeweils 3 Nennungen).

Die Anzahl der durch die Begriffsdefinition erfassten Dimensionen variiert in den Unternehmen, entweder werden sie einzeln von der Definition abgedeckt oder mehrere Dimensionen werden unter dem Schadensbegriff subsumiert.

Organisation: Bei der Organisation im Schadensfallmanagement ist es ähnlich wie beim Risikomanagement. Auch im Schadensfallmanagement trägt hauptsächlich (8 Nennungen) ein Mitarbeiter zusätzlich zu seinen sonstigen Aufgaben die Verantwortung für das System. Es gibt nur in sechs Fällen einen zentralen Schadensfallmanager und in einem Unternehmen teilen sich Schadensfallmanager und ein Mitarbeiter die Arbeit.

Regelungen: Ein Schadensfallhandbuch sucht man bei über 50% der befragten Unternehmen vergeblich. Dazu passend ist die Antwort auf die Frage nach der Mitarbeiterschulung. So findet in über 50% der Fälle keine entsprechende Mitarbeiterschulung statt. Wie auch schon beim Risikomanagement sind Eskalationsmechanismen für Regelungslücken (z.B. unklaren Definitionen) äußerst selten. Lediglich fünf Unternehmen sehen diese Maßnahme als sinnvoll an und setzen Eskalationsregeln ein. Ebenso verhält es sich bei der Definition von Eskalationsmechanismen, die bei Meinungsverschiedenheiten zwischen den Organisationseinheiten greifen (z.B. hinsichtlich der Einschätzung von abteilungsübergreifenden Risiken). Lediglich drei Unternehmen sehen diese Maßnahme als sinnvoll an und setzen entsprechende Regelungen ein.

Schadensfalldatenbank: Eine Schadensfalldatenbank, die durch die systematisch Erfassung das Rückrad des Schadensfallmanagement darstellt, findet sich nur bei sieben der befragten Unternehmen. Eine Schadensfalldatenbank, welche die identifizierten Risiken archiviert, ist allerdings von großer Bedeutung, da nur so fundierte Ex-Post-Analysen möglich sind. Aufgrund der Tatsache, dass die befragten Unternehmen den Operationellen Risiken auch einen hohen Stellenwert zukommen lassen (vgl. Abschnitt 2.1), hätte man davon ausgehen können, dass mehr Unternehmen eine Schadensfalldatenbank führen. Die Erfassung von Schadensfällen erfolgt dabei in den meisten Unternehmen zentral (9 Nennungen) in einer Abteilung. Nur in fünf Unternehmen wird sie dezentral in den einzelnen Abteilungen durchgeführt. Aufgrund der hohen Bedeutung der Logistik-Risiken wurde danach gefragt, ob es möglich ist, die Schäden, die im Logistik-Bereich entstanden sind, in der Schadensfalldatenbank herauszufiltern. Dies ist bei allen Unternehmen, die eine Schadensfalldatenbank haben, möglich.

Reporting: Die Kommunikation der Schadenssituation erfolgt hier, anders als beim Risikomanagementsystem, in 50% der Fälle nur in unregelmäßigen Abständen. Nur in vier Unternehmen wird regelmäßig über die Schadensfallsituation berichtet.

Verknüpfung mit RMS: Zur Beantwortung der Ausgangsfrage nach einer Integration bzw. dem Abgleich der Schadensfalldatenbank mit dem Risikomanagement ist zu konstatieren, dass eine solche Integration nur in drei Unternehmen regelmäßig erfolgt. Dieses Ergebnis bestätigt, dass ein Schadensfallmanagement in den meisten Fällen als Insellösung vorherrscht.[444]

5.4 Frageblock: Versicherungsmanagement

System-Implementierung: Ein Versicherungsmanagement, das grundsätzlich alle Versicherungen des Unternehmens überwacht und steuert, findet man bei 13 der befragten Unternehmen. Lediglich 6 Unternehmen haben kein Versicherungsmanagementsystem.

Organisation: Anders als beim Risikomanagement oder beispielsweise beim Schadensfallmanagement wird die Arbeit im Versicherungsmanagement hauptsächlich (12 Nennungen) von einem zentralen Versicherungsmanager verrichtet.

Regelungen: Ein Versicherungsmanagementhandbuch ist bei über 50% der befragten Unternehmen nicht zu finden. Ebenso wie eine entsprechende Mitarbeiterschulung, die man in den meisten Unternehmen vergeblich sucht. Nur in 7 der befragten Unternehmen werden die Mitarbeiter diesbezüglich geschult. Hier liegt die Vermutung nahe, dass die fehlenden Schulungsmaßnahmen damit zusammenhängen, dass das Versicherungsmanagement größtenteils von zentralen Versicherungsmanagern durchgeführt wird und die Unternehmen sich daher die Schulung der übrigen Mitarbeiter hierzu aus Kostengründen sparen.

Versicherungsdatenbank: Eine Versicherungsdatenbank, in der alle Versicherungen gespeichert sind, die für das Unternehmen abgeschlossen wurden, ist bei 13 Unternehmen zu finden. Positiv anzumerken ist in diesem Zusammenhang auch, dass sich bei 11 der Unternehmen die Schäden, die rund um die Logistik entstanden sind, aus der Datenbank herausfiltern lassen.

Reporting: Die Kommunikation der Versicherungssituation erfolgt, ähnlich wie beim Schadensfallmanagementsystem, in fast 80% der Fälle in unregelmäßigen Abständen. Nur in 2 Unternehmen wird regelmäßig über die Versicherungssituation berichtet.

Verknüpfung mit RMS: Zur Integration des Versicherungsmanagement ist festzuhalten, dass in der Regel (12 Nennungen) die erfassten Versicherungsschäden mit den Risiken im Risikomanagement abgeglichen werden. Allerdings erfolgt der Abgleich bei 6 Unternehmen dabei nur unregelmäßig.

5.5 Frageblock: Notfallmanagement

System-Implementierung: In den MaRisk wird für Notfälle in zeitkritischen Aktivitäten und Prozessen die Festlegung eines angemessenen Notfallkonzepts (Notfallmanagement) gefordert.[445] Bei den in der Untersuchung befragten Unternehmen haben ca. 90% ein Notfallmanagementsystem implementiert. Diese hohe Zahl resultiert aus der Tatsache, dass die Erstellung von Notfallplänen für den Fall eines existenzbedrohenden Risikoeintritts (Krisenmanagement) quasi als „traditionelles Risikomanagement“ angesehen werden kann.[446]

Definition: Ein wenig verwunderlich ist, dass trotz der großen Anzahl von implementierten Notfallmanagementsystemen nur bei etwa der Hälfte der Unternehmen eine Definition des Begriffs „Notfall“ existiert.

---

[444] Vgl. Salzmann 2006, S. 103.

[445] BaFin 2007a, AT 7.3.

[446] Die Unternehmenskrisen der 1990er Jahre haben allerdings gezeigt, dass die betriebswirtschaftliche Risikobetrachtung an Bedeutung gewonnen hat und Notfallpläne alleine nicht mehr ausreichen, die Risiken angemessen und wirksam zu managen und somit ein ganzheitliches Risikomanagementsystem notwendig ist.

Notfallbereiche: Die Notfallbereiche bzw. Risikoarten, die am meisten vom Notfallmanagement erfasst werden, sind Elementarschäden und IT[447] (mit 17 bzw. 15 Nennungen). Nur ein Unternehmen hat zu allen abgefragten Bereichen (Beschaffungsrisiken, Produktionsrisiken, Distributionsrisiken, Entsorgungsrisiken, Elementarschäden, IT, Logistik, externe und interne Fraud Handlungen) Notfallpläne implementiert.

Organisation: Ähnlich wie bei der Organisation im Risikomanagement und der Schadensfallmanagement-Organisation wird auch das Notfallmanagement in über 50% der Fälle von einem Mitarbeiter zusätzlich durchgeführt.

Regelungen: Ein Notfallmanagementhandbuch ist in den meisten (12 Nennungen) befragten Unternehmen vorhanden. Anders als bei den anderen Systemen, ist hier der Bereich Mitarbeiterschulung mit ca. 60% gut ausgebaut. Bei der Frage nach Notfall-Simulations-Trainings halten sich die Antworten ungefähr die Waage. So hat in 7 Unternehmen zumindest ein Test stattgefunden und in 7 anderen Unternehmen finden regelmäßige Tests statt.

Reporting: Die Kommunikation der Notfallvorsorgesituation an die Geschäftsführung erfolgt in über 50% der Fälle nur in unregelmäßigen Abständen. Nur in drei Unternehmen wird die Geschäftsführung regelmäßig über die Notfallvorsorgesituation informiert.

Integration mit RMS: Nur bei sechs der Unternehmen wird die Notfallvorsorgesituation regelmäßig gegen die erfassten Risiken und Schäden abgeglichen.

5.6 Zusammenfassung der Ergebnisse

Die Untersuchung sollte einen Überblick darüber geben, wie viele Unternehmen bisher ein Risikomanagementsystem implementiert haben und wie dieses aus-

---

[447] Probleme in der IT bedürfen in Unternehmensnetzwerken einer besonderen Beachtung, da wesentliche Störungen die Funktionalität des Unternehmensnetzwerks beeinträchtigen können. Vgl. Wagner/Bode 2007, S. 65.

gestaltet ist. Ferner sollte die Befragung zeigen, ob Logistik-Risiken aufgrund ihrer hohen Bedeutung gesondert betrachtet werden und ob eine Verknüpfung des Risikomanagements mit dem Schadensfall-, Versicherungs- und Notfallmanagements stattfindet.

Die Befragung hat im Ergebnis gezeigt, dass einige der befragten Unternehmen bei der Ausgestaltung ihrer Risikomanagementsysteme teilweise die Anforderungen aus den MaRisk erfüllen. Ferner zeigte die Untersuchung aber auch, dass viele Synergien, die durch eine Vernetzung des Risikomanagements mit dem Schadensfall-, Versicherungs- und Notfallmanagement möglich wären, in der Praxis noch nicht genutzt werden.

Da die Untersuchung nur explorativen Charakter hatte, konnten nicht alle in den MaRisk geforderten Elemente abgefragt werden. Die durch diese explorative Untersuchung erarbeiteten Ideen und Aspekte können allerdings in einem weiteren Schritt in weiteren Forschungsarbeiten in ein standardisiertes Erhebungsinstrument überführt und quantitativ überprüft werden.

Es sei an dieser Stelle ausdrücklich betont, dass die Unternehmen lediglich gefragt wurden, ob einzelne Elemente aus den oben genannten Bereichen vorhanden sind (bzw. zum Einsatz kommen) oder nicht. Auf der Grundlage dieser Selbstauskunft konnte keine weitere Einschätzung vorgenommen werden, ob die einzelnen Elemente, falls vorhanden, im Sinne der MaRisk angemessen ausgestaltet und materiell funktionsfähig sind.

6 Handlungsempfehlungen für das Risikomanagement in Unternehmensnetzwerken

Wie bereits ausführlich dargelegt wurde, bestehen die größten Probleme und damit Herausforderungen für das Management von Unternehmensnetzwerken:

- in dem naturbedingt grundsätzlich vorherrschenden Opportunismus der Netzwerkpartner sowie
- in der Komplexität bzw. Heterogenität des Netzwerks und den damit einhergehenden zum Teil unterschiedlichen Zielen der einzelnen Partner.

Um Opportunismus aber entgegenzuwirken, müssen die jeweiligen subjektiv wahrgenommenen Anreiz-Beitrags-Bilanzen der Netzwerkpartner langfristig ausgeglichen sein, was (wie hinreichend dargestellt wurde; vgl. ausführlich Kapitel 4.2) der Fall ist, wenn die nachfolgend dargestellten **drei Forderungen** erfüllt sind:

1 Forderung: Genaue Beschreibung der vereinbarten Anreize und Beiträge.

2 Forderung: Kontrolle der Anreiz-Beitrags-Bilanzen auf Ausgeglichenheit.

3 Forderung: Kompensation von Störungen der Anreiz-Beitrags-Bilanzen.

Ausgehend von der hohen Bedeutung von Risikomanagementsystemen, die auch in der empirischen Analyse bestätigt wurde, stellt sich (und grundsätzlich unabhängig von der genauen Ausgestaltung des institutionellen Arrangements eines Netzwerkes) nun die Frage, welche der MaRisk-Module (einzeln oder in Kombination), diese Forderungen erfüllen bzw. konterkarieren.

Im Einzelnen bedeutet das, dass für jedes der MaRisk-Module untersucht werden muss, ob es die zuvor genannten drei Forderungen erfüllt oder konterkariert.

Um diese Frage zu beantworten, wird nachfolgend für jedes der ausgewählten MaRisk-Module (vgl. Kapitel 3.5.3), vor dem Hintergrund des übergeordneten institutionellen Handlungsrahmens (vgl. Kapitel 3.5.2), dem Grundsatz nach analysiert:

- welche spezifischen Anreize und Beiträge es den Mitgliedern eines Netzwerks für ein Logistik-Risikomanagement liefern kann,
- ob die spezifischen Anreize und Beiträge bei den Mitgliedern eines Netzwerks einen positiven Saldo der Anreiz-Beitrags-Bilanz liefern und
- ob es Raum für opportunistisches Verhalten schafft, der im Missverhältnis zum jeweiligen positiven Saldo steht.

Da Netzwerke hinsichtlich Ihres institutionellen Arrangements vielfältige Formen annehmen können, kann die nachfolgende Analyse nur grundsätzliche Tendenzaussagen liefern.

6.1 Eignung verschiedener Module

6.1.1 Strategie

In § 25 a Abs. 1 KWG wird für Kreditinstitute die Festlegung von Strategien gesetzlich gefordert. Die MaRisk spezifizieren diese Anforderung in AT 4.2 dahingehend weiter, dass dabei eine grundsätzliche Trennung von Geschäfts- und Risikostrategie vorzunehmen ist. Die Geschäftsstrategie sollte insbesondere die Ziele und Planungen der wesentlichen Geschäftsaktivitäten umfassen.[448] Ferner soll sie gleichzeitig als Grundlage für die Risikostrategie dienen, die unter Berücksichtigung der aus dem Outsourcing resultierenden Risiken die Ziele der Risikosteuerung für die wesentlichen Geschäftsaktivitäten umfasst.[449] Die beiden Strategien müssen inhaltlich aufeinander abgestimmt sein. Der inhaltliche Detaillierungsgrad sollte sich am Umfang und an der Komplexität sowie dem Risikogehalt der geplanten Geschäftsaktivitäten des Unternehmensnetzwerks orientieren.[450]

---

448 Vgl. BaFin 2007a, AT 4.2 Tz. 1, S. 9.

449 Vgl. BaFin 2007a, AT 9 Tz. 2, S. 12.

450 Vgl. BaFin 2007a, AT 4.2 Tz. 1, S. 9.

Eine Geschäftsstrategie kann ein Unternehmensnetzwerk beispielsweise für Regionen/Länder, Geschäftsarten und Kundengruppen, Ertrags- und Imageziele oder ein angestrebtes Rentabilitätsniveau explizit definieren. Eine dazu angepasste Risikostrategie für ein Unternehmensnetzwerk könnte beispielsweise für die gewünschte Risikoverteilung und das Management von Konzentrationsrisiken, für die Limitfestlegung und die Sicherung des Eigenkapitalniveaus oder für mögliche externe Kapitalquellen fixiert werden.

Die Festlegung einer einheitlichen Netzwerkstrategie ist die notwendige Bedingung für die zielgerichtete kooperative Zusammenarbeit zwischen den einzelnen Netzwerkpartnern.[451] Dabei bildet die Netzwerkstrategie (bzw. die damit verbundene Risikostrategie) den Referenzpunkt zur Beurteilung der Angemessenheit des Logistik-Risikomanagement-Systems. Aus diesem Grund kommt diesem Modul aus Sicht des Netzwerkes bzw. für das Betreiben eines Logistik-Risikomanagementsystems eine sehr hohe Bedeutung zu.[452]

Der Vorteil (bzw. Anreiz) einer einheitlichen Unternehmensnetzwerkstrategie ist für die einzelnen Netzwerkpartner, dass sich alle am Netzwerk beteiligten Unternehmen auf dieselbe Zielausrichtung und denselben „Weg" geeinigt haben.[453]

Hierzu ist es notwendig, dass sich die Partner in einem Netzwerk zusammensetzen und sich auf gemeinsame Ziele und eine gemeinsam getragene Netzwerkstrategie einigen. Inwiefern ihnen das gelingt, hängt von institutionell spezifischen Faktoren des jeweiligen Netzwerks ab, wie insbesondere der Steue-

---

[451] Vgl. Steven/Pollmeier 2007, S. 279.

[452] Da bei der empirischen Untersuchung, wie auch bei dem dieser Arbeit zugrunde liegenden Untersuchungsobjekt, keine Unterscheidung zwischen intra- und interorganisationale Unternehmensnetzwerke gemacht worden ist, wurde die Frage nach einer einheitlichen Unternehmensstrategie ausgelassen.

[453] Ausgangspunkt der Zusammenarbeit und wichtig für die Entwicklung einer gemeinsamen Strategie in einem Unternehmensnetzwerk ist die gemeinschaftliche Vereinbarung von Zielen. Diese sind meistens auf den unternehmensindividuellen Zielen der Unternehmen aufgebaut und werden weiterentwickelt und an das Unternehmensnetzwerk angepasst. Vgl. Steven/Pollmeier 2007, S. 279.

rungsform (fokal vs. polyzentrisch) und der Form der Arbeitsteilung (Redundanzen vs. neuralgische Punkte).[454]

Da, wie in Kapitel 2.1.1 bereits erläutert, die Beziehungen zwischen Unternehmen in Netzwerken wesentlich durch ein Spannungsfeld kooperativer und kompetitiver Elemente geprägt ist, müssen die Netzwerkpartner bei der Generierung einer gemeinsamen Strategie unter Umständen ihre individuelle Unternehmensstrategie preisgeben. Hierdurch wird den Netzwerkpartnern bei der Festlegung der Geschäfts- und Risikostrategie grundsätzlich Raum für opportunistisches Verhalten geboten.

Auf Grund der Tatsache, dass eine einheitliche Strategie notwendige Bedingung für eine erfolgreiche Zusammenarbeit in einem Unternehmensnetzwerk ist, muss dieses Modul in das Logistik-Risikomanagementsystem integriert werden, auch wenn dies mit einem wahrscheinlich relativ hohen Anfangsaufwand verbunden ist (insbes. dann, wenn die Netzwerkpartner in einer kooperativen Wettbewerbsbeziehung zueinander stehen).

6.1.2 Internes Kontrollsystem

Jedes Kreditinstitut hat gemäß MaRisk AT 4.3 entsprechend Art, Umfang, Komplexität und Risikogehalt der Geschäftsaktivitäten Regelungen zur Aufbau- und Ablauforganisation zu treffen sowie Risikosteuerungs- und -controllingprozesse einzurichten.[455] Hierbei handelt es sich insbesondere um die Festlegung der Verantwortlichkeiten und die Vorgehensweise im Risikomanagementprozess. Bei der Ausgestaltung der Aufbau- und Ablauforganisation ist dabei grundsätzlich sicherzustellen, dass miteinander unvereinbare Tätigkeiten durch unterschiedliche Mitarbeiter durchgeführt werden.[456] Die Aufbauorganisation

---

[454] Vgl. Kapitel 2.1.1.

[455] Vgl. BaFin 2007a, AT 4.3 Tz. 1, S. 7.

[456] Vgl. BaFin 2007a, AT 4.3.1 Tz. 1, S. 7.

des Risikomanagementsystems sollte dabei geeignete Funktionsträger[457] (Geschäftsführung/Vorstand, Controlling/Risiko-Controlling[458], Risiko-Manager[459] und Risk Owner[460]) vorsehen, um sicher zu stellen, dass neue Risiken oder Veränderungen bei bestehenden Risiken frühzeitig registriert und rechtzeitig die erforderlichen Maßnahmen ergriffen werden können.

In einem Netzwerk müsste das Interne Kontrollsystem von den Netzwerkpartnern als Sekundärorganisation[461] aufgestellt werden, um das organisationale Skelett für ein Logistik-Risikomanagementsystem zu legen. Dieses organisationale Skelett müsste (entsprechend dem Umfang der zum Einsatz kommenden Module) geeignete Funktionsträger vorsehen und eine im Hinblick auf die verfolgte Strategie angemessene Aufbau- und Ablauforganisationen definieren.

Die Schaffung eines Internen Kontrollsystems ist (ebenso wie die Festlegung einer Netzwerkstrategie) eine notwendige Bedingung für den Aufbau und den Betrieb eines Logistik-Risikomanagementsystems. Das Interne Kontrollsystem bildet dabei das Grundgerüst des Logistik-Risikomanagementsystems. Den Referenzpunkt zur Beurteilung der Angemessenheit des Internen Kontroll-

---

457 Vgl. Schwolgin 2004, S. 143.

458 Das Risiko-Controlling kann als Führungsunterstützung interpretiert werden, das in den Bereichen tätig wird, die nicht zu den Kernkompetenzen des Managements zählen. Die Kernkompetenzen des Managements liegen im Risikomanagementprozess in der Festlegung einer Risikostrategie und der Risikosteuerung. Das Risikocontrolling kann in Zusammenarbeit mit dem Risiko-Manager die Risikobewertung und Risikoüberwachung übernehmen. Vgl. Hoitsch/Lingnau 2004, S. 28.

459 Als zentrale Stelle. Der zentrale Risiko-Manager ist für den unternehmensweiten Risikomanagementprozess verantwortlich.

460 Wichtigste Aufgabenträger sind die dezentralen Risikoverantwortlichen (Risk Owner) in den Funktionsbereichen, da sie von den Einzelrisiken direkt betroffen sind. Sie sind dem zentralen Risiko-Manager fachlich unterstellt. Zusätzlich kommen meist dezentrale Schadensfallmelder zum Einsatz, die eingetretene Schäden an den Risiko-Manager melden, der in der Regel eine zentrale Schadensfalldatenbank führt. Vgl. Hölscher 2000, S. 309 sowie de Zeeuw 2000, S. 71.

461 Unter einer Sekundärorganisation versteht man hierarchieergänzende und hierarchieübergreifende Organisationsstrukturen, die eine Primärorganisation (vgl. Schulte-Zurhausen 2005, S. 301) überlagern, aber nicht ersetzen. Sekundärorganisationen können für einen begrenzten Zeitraum gebildet werden oder sie sind zwar grundsätzlich vorhanden, aber nur zeitlich begrenzt aktiv. Vgl. Schulte-Zurhausen 2005, S. 309-330.

systems bildet wiederum die jeweils verfolgte Netzwerkstrategie.[462] Aus diesem Grund kommt diesem Modul aus Sicht des Unternehmensnetzwerkes bzw. für das Betreiben eines Logistik-Risikomanagementsystems in Unternehmensnetzwerken eine sehr hohe Bedeutung zu.

Die hohe Bedeutung der Internen Kontrollsysteme wurde im Rahmen der in dieser Arbeit durchgeführten explorativen Studie nur indirekt abgefragt und bestätigt. Einen speziellen Risiko-Manager, wie er bei Kreditinstituten üblich ist, findet man dementsprechend nur in 6 (von 14) der befragten Unternehmen.

Durch eindeutige Regelungen zur Aufbau- und Ablauforganisation sowie zu den Risikosteuerungs- und -controllingprozessen wird mehr Sicherheit bei den beteiligten Netzwerkpartnern bezüglich der Aufgabenteilung für das Logistik-Risikomanagementsystem geschaffen. Durch eindeutige Regelungen können die Prozesse sowie die damit verbundenen Aufgaben, Kompetenzen, Verantwortlichkeiten, Kontrollen sowie Kommunikationswege klar definiert und aufeinander abgestimmt werden und Macht- und Interessenkonflikte sowie daraus entstehende Risiken können so vermieden werden.[463] Das gilt auch bezüglich der Schnittstellen zwischen den einzelnen Netzwerkpartnern und zu wesentlichen Auslagerungen der Partner.

Die Planung, Einrichtung und der laufende Betrieb eines Internen Kontrollsystems ist mit erheblichen spezifischen Investitionen und laufendem Aufwand verbunden. Hieraus folgt ferner das Problem, wie der entstehende Aufwand auf die einzelnen Netzwerkpartner umgelegt werden kann.

Das größte Problem bei der Planung eines Internen Kontrollsystems für ein Logistik-Risikomanagementsystem in einem Unternehmensnetzwerk ist aber die richtige Auswahl der Funktionsträger. In der Regel sollte das Risikomanagementsystem von einem zentralen Risiko-Manager geführt werden. Insbesondere wenn die am Netzwerk beteiligten Unternehmen in einer kooperativen

---

[462] Zusammen mit der Internen Revision bildet das Interne Kontrollsystem die Internen Kontrollverfahren, zur Sicherstellung eines ordnungsgemäßen Geschäftsbetriebs.

Wettbewerbsbeziehung zueinander stehen, kann es zu Problemen führen, wenn ein Netzwerkpartner die notwendigen Personalressourcen für den Risiko-Manager stellt. Mit Hilfe der hochsensiblen Daten, hat der Risiko-Manager einen sehr dezidierten Überblick über das Leistungsvermögen (inkl. aller Schwachstellen) der einzelnen Netzwerkpartner, was möglicherweise Raum für opportunistisches Verhalten bieten kann (insbesondere bei kooperativen Wettbewerbsbeziehung innerhalb des Netzwerks). Er könnte beispielsweise Informationen nicht oder verzerrt wiedergeben oder sogar zurückhalten, um eigene Interessen zu sichern.

Für ein angemessenes und wirksames Logistik-Risikomanagementsystem ist es unerlässlich, Regelungen zur Aufbau- und Ablauforganisation zu treffen und Risikosteuerungs- und -controllingprozesse zu definieren. Der Aufwand dafür dürfte aber je nach institutionellem Arrangement der Netzwerke variieren. Kreditinstitute sind in diesem Zusammenhang durch die MaRisk dazu angehalten, einen zentralen Risiko-Manager einzurichten.[464] Bisher ist es zwar in der Praxis (bei Non-Banks) noch nicht üblich, einen zentralen Risiko-Manager für das Risikomanagement zu stellen, allerdings geht der Trend in diese Richtung. Sollte es aufgrund einer kooperativen Wettbewerbsbeziehung innerhalb des Netzwerks oder aufgrund einer polyzentrischen Struktur nicht möglich sein, eine zentrale Stelle im Netzwerk einzurichten, sollte versucht werden, eine externe Stelle (z.B. einem Wirtschaftprüfer) dafür zu gewinnen.

6.1.3 Interne Revision

Gemäß MaRisk AT4.4 muss jedes Kreditinstitut grundsätzlich über eine funktionsfähige Interne Revision verfügen, die unmittelbar der Geschäftsleitung unterstellt ist.[465] Abweichend hiervon kann bei sehr kleinen Instituten, bei denen aus Gründen der Betriebsgröße die Einrichtung einer Revisionseinheit unver-

---

463 Vgl. Binder 2008, S. 158.

464 Vgl. BaFin 2007a, AT 7.1 Tz. 2, S. 10.

465 Vgl. BaFin 2007a, AT 4.4 Tz. 1 und 2, S. 9.

hältnismäßig ist, die Aufgabe der Internen Revision von einem Geschäftsleiter erfüllt werden.[466] Aufgabe der Internen Revision ist die prozessunabhängige und risikoorientierte Überprüfung und Beurteilung der **Wirksamkeit** und **Angemessenheit** des Risikomanagements im Allgemeinen und des Internen Kontrollsystems im Besonderen sowie die Ordnungsmäßigkeit aller Aktivitäten und Prozesse, unabhängig davon ob diese ausgelagert sind oder nicht.[467] Dabei ist der Internen Revision zur Wahrnehmung ihrer Aufgaben ein vollständiges und uneingeschränktes Informationsrecht einzuräumen.[468]

In einem Netzwerk müsste eine Interne Revision zur Wahrnehmung ihrer Aufgaben ein vollständiges und uneingeschränktes Informationsrecht bei allen Netzwerkpartnern haben. Erst durch die Einrichtung einer Internen Revision könnte die Validität der von den einzelnen Netzwerkpartnern gemeldeten Daten und Fakten (auf die das gemeinsame Logistik-Risikomanagementsystem angewiesen ist) neutral verifiziert (oder ggfs. falsifiziert) werden. Die Bildung der Internen Revision könnte auf 3 Arten erfolgen. Die günstigste Variante (in Bezug auf abbaufähige Fixkosten) wäre die externe Vergabe (z.B. an einen Wirtschaftprüfer), der die Revisionsleistungen für das Netzwerk neutral wahrnehmen würde. Je nach Größe des Netzwerks und dem jeweiligen institutionellen Arrangement könnte eine Interne Revision aber auch als nicht rechtsfähige Sekundärorganisationsform gebildet werden, in dem die jeweiligen Netzwerkpartner Mitarbeiter temporär für einzelne Prüfungen abstellen. Die aufwendigste Form wäre die Gründung einer rechtsfähigen Gesellschaft, die als Serviceleister dem Netzwerk die Revisionsleistung in Rechnung stellt.

Die Bedeutung einer Internen Revision für die Funktionsfähigkeit eines Logistik-Risikomanagementsystems ist sehr hoch. Denn wie schon dargestellt wurde, sichert die Interne Revision die **Validität** der dezentral gemeldeten Daten und

---

[466] Vgl. BaFin 2007a, AT 4.4 Tz. 1, S. 9.

[467] BaFin 2007a, AT 4.4 Tz. 3, S. 9.

[468] BaFin 2007a, AT 4.4 Tz. 4, S. 9. Vgl. auch Gleißner 2008, S. 220.

Fakten sowie auch die **Integrität** der zentral zum Einsatz kommenden Verfahren (wie z.B. der Szenariosimulation, vgl. Kapitel 6.1.5).

Der Hauptanreiz für die Einrichtung des Moduls „Interne Revision“ ergibt sich aus ihrer hohen Bedeutung für die Funktionsfähigkeit eines Logistik-Risikomanagementsystems in der Sicherstellung der Integrität und Validität der Daten und Fakten sowie der zum Einsatz kommenden Verfahren.

Der größte Beitrag für die einzelnen Netzwerkpartner liegt in der Einräumung eines vollständigen und uneingeschränkten Informationsrechts für die Interne Revision. Die von den einzelnen Netzwerkpartnern zu leistenden finanziellen Beiträge dürften (insbes. bei der externen Vergabe) hingegen eher von untergeordneter Natur sein.

Interne Kontrollen durch eine Interne Netzwerkrevision können den Spielraum für opportunistisches Verhalten deutlich reduzieren. Allerdings ist die Form der Implementierung einer Internen Netzwerkrevision dabei von herausragender Bedeutung. Würde ein einzelner Netzwerkpartner (z.B. das fokale Unternehmen) seine „hauseigene“ Revision als Interne Netzwerkrevision zur Verfügung stellen, ist damit zu rechen, dass dieses Vorgehen bei diesem Mitglied Raum für opportunistisches Verhalten schafft und evtl. bei anderen Mitgliedern zu Misstrauen führen kann.

Wenn in einem Unternehmensnetzwerk ein Logistik-Risikomanagementsystem zum Einsatz kommen soll, muss dabei immer eine „Interne“ Revision zum Einsatz kommen. Denn ohne diese wäre, wie dargestellt wurde, die Sinnhaftigkeit der Implementierung eines Logistik-Risikomanagementsystems in einem Unternehmensnetzwerk mit selbstständigen Partnern ernsthaft in Frage zu stellen. Zu Beginn sollte aus pragmatischen Überlegungen die Revisionsleistung extern eingekauft werden.

6.1.4 Organisationsrichtlinien

Gemäß MaRisk AT 5 hat jedes Kreditinstitut sicherzustellen, dass die Geschäftsaktivitäten auf der Grundlage von schriftlich fixierten Organisationsrichtlinien (z.B. Handbücher, Arbeitsanweisungen oder Arbeitsablaufbeschreibungen) betrieben werden.[469] Diese müssen den betroffenen Mitarbeitern in geeigneter Weise und in der jeweils gültigen Fassung bekannt gemacht werden. Die in den Organisationsrichtlinien enthaltenen Richtlinien sind bei Veränderungen der Aktivitäten und Prozesse zeitnah anzupassen.[470] Die konkrete Darstellung hängt von Art, Umfang, Komplexität und Risikogehalt der Geschäftsaktivitäten ab und bleibt dem Unternehmensnetzwerk überlassen.[471] Nach MaRisk AT 5 haben die Organisationsrichtlinien insbesondere Folgendes zu beinhalten:[472]

- Regelungen für die Aufbau- und Ablauforganisation,
- Regelungen bzgl. der Risikosteuerungs- und -controllingprozesse sowie
- Regelungen zu Verfahrensweisen bei wesentlichen Auslagerungen.

Dies umfasst implizit u.a. auch die folgenden Bestandteile:[473]

- Begriffsdefinitionen (wie z.B. Risiko, Schaden, Notfall etc.),
- Erläuterungen und Verfahrensanweisungen zu erlassenen Maßnahmen und verwendeten Methoden,
- Eskalationsregeln und
- Geltungsbereich und Inkraftsetzung der einzelnen Organisationsrichtlinien.

Schriftlich fixierte Organisationsrichtlinien füllen das organisationale Skelett des Internen-Kontrollsystems mit „Fleisch". Somit erhalten die mit dem Logistik-Risikomanagementsystem betrauten Mitarbeiter der Netzwerkpartner mehr oder weniger dezidierte Anweisungen für Arbeitsabläufe oder Prozesse. Ergän-

---

[469] Vgl. BaFin 2007a, AT 5 Tz. 1, S. 9.

[470] Vgl. BaFin 2007a, AT 5 Tz. 2, S. 9.

[471] Vgl. BaFin 2007a, AT 5 Tz. 1, S. 9.

[472] Vgl. BaFin 2007a, AT 5 Tz. 3, S. 10.

[473] Vgl. Gleissner/Romeike 2005, S. 40.

zend oder auch alternativ könnten die Regelungen den Mitarbeitern der einzelnen Netzwerkpartner auch über Schulungen[474] vermittelt werden.

Die Bedeutung von schriftlich fixierten Organisationsrichtlinien ist als eher durchschnittlich einzustufen. Zwar wird durch die explizite Beschreibung der vereinbarten Beiträge und Anreize (d.h. Regeln, Definitionen etc.) Interpretations- und Auslegungsproblemen präventiv vorgebeugt. Allerdings hängt der Nutzwert wesentlich von der jeweiligen Ausgestaltung der Richtlinien ab. Ferner füllen, wie zuvor dargestellt, die Organisationsrichtlinien lediglich das organisationale Skelett des Internen Kontrollsystems weiter aus und sind somit nicht verantwortlich für den eigentlichen Aufbau des Logistik-Risikomanagementsystems. Alternativ könnten Organisationsrichtlinien für das Logistik-Risikomanagementsystem in einem Netzwerk auch über Schulungen vermittelt werden.

Die grundsätzlich nur durchschnittliche Bedeutung wurde von der in dieser Arbeit durchgeführten explorativen Studie belegt. Wie schon dargestellt wurde, verfügen nur 11 der 14 Unternehmen (die ein Risikomanagementsystem besitzen), über ein Risikomanagementhandbuch. Davon nutzen 5 Unternehmen zusätzlich Schulungen, um die Regelungen zu kommunizieren. Lediglich eines der 14 Unternehmen mit einem Risikomanagementsystem setzt nur auf Schulungen und besitzt kein Risikomanagementhandbuch.

Der Vorteil eines Risikomanagementhandbuchs ist, dass es durch die eindeutige Festlegung von Definitionen und Regelungen Unklarheiten und Missverständnissen vorbeugt. Es sorgt für mehr Transparenz und Sicherheit im Unternehmensnetzwerk und ist auch ein hilfreiches Modul, wenn neue Netzwerkteil-

---

474 Schulungen können dazu beitragen, Risiken im Unternehmen zu reduzieren, weil sie die Möglichkeit bieten, den Mitarbeitern Transparenz zu verschaffen und sie zu motivieren, das Risikomanagementsystem nicht (nur) als zusätzliche Arbeitsbelastung anzusehen, sondern aktiv an einem Unternehmensprozess teilhaben zu lassen. Vgl. Jung/Nowitzky 2006, S. 62.

nehmer beitreten, da diese somit sehr schnell einen analytischen Zugang zum System erhalten.[475]

Nachteil von dezidierten Organisationsrichtlinien (wie z.B. eines Risikomanagementhandbuchs) ist allerdings der hohe administrative Koordinationsaufwand bei der Erstellung und Aktualisierung. Zudem stellt sich auch hier wieder die Frage, wer den entsprechenden Funktionsträger von den Netzwerkpartnern stellt und wie die Kosten hierfür ermittelt und verteilt werden. Unter Umständen ergeben sich bei der Festlegung und Überarbeitung von Definitionen (wie z.B. für die Begriffe: Risiko, Schaden, Notfall etc.) oder auch für die Festlegung von Eskalationsregeln lange Abstimmungsprozesse, was einen erhöhten Kommunikations- und Koordinationsaufwand nach sich zieht.

Die Fixierung von dezidierten Organisationsrichtlinien, die allen Netzwerkpartnern zugänglich gemacht werden, kann (je nach inhaltlicher Ausgestaltung) Informationsasymmetrien hinsichtlich der Abläufe des Logistik-Risikomanagementsystem und somit Raum für opportunistisches Verhalten reduzieren. Allerdings nur, wenn die Organisationsrichtlinien allen Netzwerkpartner immer in ihrer aktuellen Fassung vorliegen.

Trotz der eher durchschnittlich einzustufen Bedeutung von schriftlich fixierten Organisationsrichtlinien (z.B. in Form von Handbüchern) und des immensen administrativen Aufwands der mit der Erstellung und Pflege verbunden ist, sollten Netzwerke, die ein Logistik-Risikomanagementsystem einführen, nicht gänzlich auf entsprechende Handbücher verzichten. Diese können allerdings am Anfang eher schlank ausfallen, um den Aufwand überschaubar zu halten.

6.1.5 Risikotragfähigkeits- und Szenariorechnungen

Die in AT 4.1 der MaRisk geforderte Risikotragfähigkeitsrechnung ermöglicht es den Unternehmen zu ermitteln und zu steuern, ob und inwieweit Risiken ohne

---

[475] Vgl. Jung/Nowitzky 2006, S.62.

wesentliche Auswirkungen auf die Geschäftstätigkeit eintreten können. Hierzu sind die wesentlichen Risiken des Instituts durch das Risikodeckungspotenzial (ggf. unter Berücksichtigung von Wechselwirkungen) laufend abzudecken.[476] Für die im Rahmen der Risikotragfähigkeit berücksichtigten Risiken sind regelmäßig angemessene Szenarioberechnungen vorzunehmen.[477] Mit Hilfe von Szenariosimulationen sollen Einschätzungen des Einflusses von internen (z.B. durch Veränderungen der Organisationsstruktur) und externen (z.B. durch Änderungen von ökonomischen, rechtlichen oder technologischen Rahmenbedingungen) Faktoren auf die Gesamtrisikoposition eines Unternehmens unterstützt werden. Hierzu werden Annahmen über die zeitliche Entwicklung der Faktoren sowie Veränderungen ihres Einflusses getroffen. Die Veränderungen werden dann als Grundlage für die Aufstellung von konsistenten und plausiblen Szenarien (Zukunftsdeutungen) genutzt.[478]

Das Risikodeckungspotenzial, die Szenarien sowie die wesentlichen Risiken sind von den am Unternehmensnetzwerk beteiligten Unternehmen individuell zu definieren. Idealerweise umfassen die Szenariosimulationen die wesentlichen Risiken aus den Bereichen: Marktpreisrisiken, Adressenausfallrisiken, Liquiditätsrisiken und Operationelle Risiken.[479] Mögliche Szenarien sind z.B.: Ausfall bedeutender Lieferanten/Spediteure, Ausfall einzelner Netzwerkpartner, Streiks oder die Streichung wichtiger Kreditlinien, die dem Unternehmensnetzwerk eingeräumt wurden.[480]

Risikotragfähigkeits- und Szenariorechnungen stellen innerhalb des Risikomanagements nach MaRisk das „Fernlicht" dar, da sie wesentliche Risiken vor dem Hintergrund möglicher Szenarien quantifizieren und der „Reserve-Masse" des Unternehmens gegenüberstellen. Somit ermöglichen Sie es, die finanzielle

---

476 BaFin 2007a, AT 4.1 Tz. 1, S. 6.

477 BaFin 2007a, AT 4.3.2 Tz. 3, S. 8.

478 Vgl. Gerpott/Hoffmann 2008, S. 11.

479 Vgl. BaFin 2007a, AT 4.3.2 Tz. 3, S. 8; BTR 3 Tz. 2, S. 26.

480 Vgl. z.B. Kajüter 2007, S. 17.

Lage des Unternehmen vor dem Hintergrund möglicher zukünftiger Entwicklungen abzubilden.

Die hohe Bedeutung von Szenariosimulationen im Rahmen der Risikotragfähigkeitsrechnung wird auch von der Praxis bestätigt. So werden langfristig (d.h. Ausblick > 1 Jahr) regelmäßige Szenariosimulationen von 9 der befragten Unternehmen zu ausgewählten Risikoarten durchgeführt und 1 Unternehmen führt diese Berechnung sogar für alle im Unternehmen vorherrschenden Risikoarten durch.

Der Hauptvorteil von Szenariosimulationen im Rahmen der Risikotragfähigkeitsrechnung liegt für die einzelnen Mitglieder in der „Fernlicht-Funktion". Erst durch solche Berechnungen ist es möglich, die finanzielle Lage des Netzwerks vor dem Hintergrund möglicher zukünftiger Entwicklungen zu eruieren und mögliche Gegenmaßnahmen durchzuspielen. Die Rechnungen könnten dabei, abhängig von Ihrer analytischen Granularität, sogar Schwachpunkte innerhalb des Netzwerks identifizieren.

Die Durchführung von Risikotragfähigkeits- und Szenariorechnungen ist mit erheblichem Aufwand verbunden, der von den Netzwerkpartnern zu tragen ist. Zum einen besteht organisatorisch die Notwendigkeit, eine Stelle (bzw. einen Funktionsträger) im Netzwerk einzurichten (vgl. Ausführungen zum Internen-Kontrollsystem), die (der) über eine entsprechende Qualifikation und ausreichende Ressourcen verfügt, die aufwendigen Rechnungen durchzuführen. Hieraus folgen die Probleme, welcher Netzwerkpartner sich hierfür bereit erklärt bzw. wie die Kosten dafür auf die einzelnen Partner umgelegt werden können. Ferner dürfte es sich als sehr aufwendig erweisen, eine einheitlich im Netzwerk getragene Definition der Begriffe „wesentliches Risiko" und „Risikodeckungspotenzial" zu finden. Darüber hinaus ist auch mit einem hohen Aufwand für die weiteren Vorarbeiten für die eigentlichen Berechnungen zu rechen. So müssen die „wesentlichen Risiken" und das „Risikodeckungspotenzial" bei den einzelnen Netzwerkpartnern erst abgefragt und dann verdichtet sowie hinsichtlich ihrer Wechselwirkungen analysiert werden. Auch die Schaffung der technischen Voraussetzungen für die Durchführung der Berechnungen sowie die sichere Übertragung der Daten und Kommunikation der hochsensiblen Ergebnisse ist wahrscheinlich mit erheblichem Aufwand verbunden.[481]

Der größte „Aufwand“ für die einzelnen Netzwerkpartner besteht in der Offenlegung der sensiblen Daten, die für die Berechnungen gebraucht werden.[482] Mit Hilfe dieser hochsensiblen Daten, hat die Stelle (bzw. der Funktionsträger) der die Berechnungen vornimmt, einen sehr dezidierten Überblick über das Leistungsvermögen bzw. die Reserve-Masse aller Partner, was möglicherweise Raum für opportunistisches Verhalten bieten kann (insbesondere, wenn die am Netzwerk beteiligten Unternehmen in einer kooperativen Wettbewerbsbeziehung zueinander stehen).

Auf Grund der Tatsache, dass Risikotragfähigkeits- und Szenariorechnungen innerhalb des Risikomanagements nach MaRisk das eigentliche „Fernlicht“ darstellen, sollte dieses Modul im Logistik-Risikomanagementsystem integriert werden, auch wenn dies mit einem wahrscheinlich relativ hohen Anfangsaufwand verbunden ist. Sollte es aufgrund einer kooperativen Wettbewerbsbeziehung innerhalb des Netzwerks nicht möglich sein, eine zentrale Stelle im Netzwerk einzurichten, sollte versucht werden, die Berechnungen bei einer externen Stelle (z.B. einem Wirtschaftprüfer) vornehmen zu lassen.

6.1.6 Notfallmanagementsystem

Gemäß MaRisk AT 7.3 müssen Kreditinstitute ein Notfallkonzept besitzen. Unter einem Notfallkonzept versteht man die Implementierung strukturierter Abläufe, aus dem hervorgeht, wie in Notfällen zu verfahren ist. Die festgelegten Maßnahmen und Abläufe müssen dazu geeignet sein, das Ausmaß potenziell möglicher Schäden zu verringern.[483] Das Notfallkonzept muss dabei sowohl

---

[481] Vgl. Kajüter 2007, S. 16.

[482] Vgl. Kajüter 2007, S. 24.

[483] Vgl. BaFin 2007a, AT 7.3 Tz. 1, S. 11.

Wiederanlauf- als auch Geschäftsfortführungspläne umfassen.[484] Die Wiederanlaufpläne müssen die Rückkehr zum Normalbetrieb innerhalb eines angemessenen Zeitraums ermöglichen. Die Geschäftsfortführungspläne hingegen müssen gewährleisten, dass im Notfall zeitnah Ersatzlösungen zur Verfügung stehen.[485] Des Weiteren sind die im Notfall zu verwendenden Kommunikationswege festzulegen.[486] Hierzu gehört die Definition von Ad-hoc-Maßnahmen ebenso wie ein professionelles Konzept zur Kommunikation der Ereignisse nach innen und außen. Es muss gewährleistet sein, dass zu allen Zeiten mindestens ein für das Notfallmanagement Verantwortlicher erreichbar ist. Das Notfallkonzept muss den beteiligten Mitarbeitern jederzeit zur Verfügung stehen.[487] Die Wirksamkeit und Angemessenheit des Notfallkonzeptes sollte regelmäßig durch Notfalltests mit anschließender Wirksamkeitsanalyse überprüft werden und deren Ergebnisse sind den jeweiligen Verantwortlichen mitzuteilen.[488] Darüber hinaus sollte ein intensiver Erfahrungsaustausch mit den Risiko-Managern stattfinden.

Ein Unternehmensnetzwerk-Notfallkonzept muss die Besonderheiten des gesamten Unternehmensnetzwerks berücksichtigen. Hierzu ist es erforderlich, die neuralgischen Punkte der einzelnen Netzwerkpartner sowie, unter dem Gesichtspunkt von wechselseitigen Verbundbeziehung, die neuralgischen Punkte vom Unternehmensnetzwerk selbst zu identifizieren.

Die Aufstellung und regelmäßige Prüfung eines Netzwerk-Notfallkonzepts kann näherungsweise mit dem Airbag eines Autos verglichen werden. Zwar kann der Airbag bzw. das Unternehmensnetzwerk-Notfallkonzepts zwar nicht den Notfall verhindern, doch können die daraus resultierenden Folgen evtl. gemildert werden. Somit kommt dem Unternehmensnetzwerk-Notfallkonzept eine hohe Bedeutung als Modul für ein Logistik-Risikomanagementsystem zu.

---

484 BaFin 2007a, AT 7.3 Tz. 2, S. 11.

485 BaFin 2007a, AT 7.3 Tz. 2, S. 11.

486 BaFin 2007a, AT 7.3 Tz. 2, S. 11.

487 BaFin 2007a, AT 7.3 Tz. 2, S. 11.

488 BaFin 2007a, AT 7.3 Tz. 1, S. 11.

Dies wird auch durch die durchgeführte empirische Untersuchung bestätigt, in der 90% der befragten Unternehmen angaben, ein Notfallkonzept implementiert zu haben.

Die Anreize, die sich aus einem Notfallkonzept ergeben, resultieren hauptsächlich daraus, dass man für definierte Notfälle in zeitkritische Aktivitäten und Prozessen vorbereitet ist und diese i.d.R. auch getestet wurden.

Die von den einzelnen Netzwerkpartnern zu leistenden Beiträge sind allerdings als äußerst hoch zu werten. Der wohl größte Beitrag liegt in der Offenlegung der neuralgischen Punkte der einzelnen Partner. Auch ist der Aufwand hinsichtlich der personellen Ressourcen als hoch einzustufen, insbesondere für den Aufbau und die Anpassung der Konzepte sowie für die entsprechende Schulung der Mitarbeiter.

Durch die Notwendigkeit der Offenlegung der jeweiligen neuralgischen Punkte wird für alle Partner (insbesondere bei Unternehmensnetzwerken mit kooperativer Wettbewerbsbeziehung) Raum für Opportunismus geschaffen. Auch besteht die grundsätzliche Gefahr, dass Mitglieder, die das Unternehmensnetzwerk verlassen, das Wissen über die neuralgischen Punkte der einzelnen Partner gegen die ehemaligen Partner einsetzen.

Einem Notfallkonzept ist aus Sicht eines Unternehmensnetzwerks ein sehr hoher Stellenwert beizumessen. Allerdings ist es eher unwahrscheinlich (insbesondere bei Unternehmensnetzwerken mit kooperativer Wettbewerbsbeziehung), dass es zum Einsatz kommen wird, da zwischen den Partnern zu viele hochsensible Informationen offengelegt werden müssten. Praktisch umsetzbar wäre wahrscheinlich eine Verpflichtung für alle Netzwerkpartner, jeweils ein eigenes Notfallkonzept zu implementieren und regelmäßig zu testen. Allerdings könnte die Integrität der dezentralen Notfallkonzepte nur durch eine Interne Netzwerkrevision sicher gestellt werden.

6.1.7 Outsourcing

Die aufsichtsrechtliche Zulässigkeit der Auslagerung von Geschäftsbereichen wird grundlegend in § 25 a Abs. 2 KWG geregelt. Die MaRisk konkretisieren diese bereits recht ausführliche gesetzliche Regelung und ergänzen sie in Teilbereichen. Eine Auslagerung liegt nach AT 9 vor, „...wenn ein anderes Unternehmen mit der Wahrnehmung solcher Aktivitäten und Prozesse im Zusammenhang mit der Durchführung von Bankgeschäften, Finanzdienstleistungen oder sonstigen institutstypischen Dienstleistungen beauftragt wird, die ansonsten vom Institut selbst erbracht würden."[489] Nicht als Auslagerung im Sinne der MaRisk ist u. a. der einmalige oder gelegentliche Fremdbezug von Gütern und Dienstleistungen zu werten.[490]

Gemäß den Vorgaben, müssen die Institute auf der Grundlage einer Risikoanalyse eigenverantwortlich festlegen, welche Auslagerungen von Aktivitäten und Prozessen unter Risikogesichtspunkten wesentlich sind (wesentliche Auslagerungen). Bei dieser Analyse sind die maßgeblichen Organisationseinheiten und (im Rahmen ihrer Aufgaben) auch die Interne Revision einzubeziehen. Die Risikoanalyse ist immer anzupassen, soweit sich wesentliche Änderungen der Risikosituation ergeben.[491] Gemäß den Vorgaben der MaRisk muss bei wesentlichen Auslagerungen im Auslagerungsvertrag u.a. vereinbart werden, dass das Auslagerungsunternehmen verpflichtet ist, das Institut über Entwicklungen zu informieren, die die ordnungsgemäße Erledigung der ausgelagerten Aktivitäten und Prozesse beeinträchtigen können.[492]

Übertragen auf Unternehmensnetzwerke bedeutet das, dass auf Basis eines Self-Assessments das Unternehmensnetzwerk eigenverantwortlich festlegen muss (in kooperativem Einvernehmen mit den einzelnen Netzwerkpartnern), welche Auslagerungen unter Risikogesichtspunkten als wesentlich zu klassifi-

---

[489] BaFin 2007a, AT 9 Tz. 1, S. 12.

[490] BaFin 2007b, AT 9 Tz. 1, S. 18.

[491] BaFin 2007a, AT 9 Tz. 2, S. 12.

[492] Vgl. BaFin 2007a, AT 9 Tz. 6, S. 13.

zieren sind. Vor dem Hintergrund eines Logistik-Risikomanagementsystems sollten hierunter zumindest wesentliche Logistikleistungen und -prozesse fallen. Die so identifizierten Auslagerungen müssten regelmäßig gesondert überwacht werden. Für jede „wesentliche Auslagerung“ sollte ferner geprüft werden, wie die Kontinuität und Qualität auch nach Beendigung weiterhin sichergestellt werden kann (Fall-Back-Option).

Die Berücksichtigung des „Outsourcing“-Moduls der MaRisk würde für ein Unternehmensnetzwerk die Transparenz über mögliche Abhängigkeiten und Risiken deutlich erhöhen, die wiederum für eine solidere Informationsbasis für die Prognosen des Risikomanagementsystems sorgen. Vor dem Hintergrund eines netzwerkweiten Logistik-Risikomanagementsystems kommt diesem Modul somit eine hohe Bedeutung zu.

Neben dem Transparenzgewinn hinsichtlich möglicher Abhängigkeiten und Risiken liegt ein weiterer wesentlicher Hauptvorteil des „Outsourcing“-Moduls in der strukturierten Überwachung und Steuerung von outgesourcten Leistungen des Unternehmensnetzwerks. Somit kann durch Outsourcing ein Teil des unternehmerischen Risikos auf externe Dienstleister übertragen oder eine Kostensenkung (Fixkostenreduzierung und geringere Kapitalbindung) herbeigeführt werden.

Um in einem Netzwerk das „Outsourcing“-Modul entsprechend der MaRisk zu implementieren, sind von den Netzwerkpartnern hohe Beiträge zu leisten. So müssten sich diese erst einmal auf eine einheitlich getragene Begriffsdefinition einigen und danach entsprechend alle wesentlichen Auslagerungen in einer netzwerkweiten Aufstellung zusammentragen. Die Institutionalisierung des „Outsourcing“-Moduls kann evtl. dazu führen, dass mehr Leistungen externalisiert werden. Doch die daraus resultierenden vermeintlichen Vorteile können sich (insbesondere falls bei wesentlichen Auslagerungen ohne Fall-Back-Option gearbeitet wird) in Nachteile umwandeln. Der Hauptnachteil des Outsourcings wird in der Abhängigkeit von externen Dienstleistern gesehen, die zu zukünftigen Beiträgen (in Form von Transaktionskosten) führen kann, wenn der externen Dienstleister z.B. durch Insolvenz wegbricht. Auch kann sich ein erneuter Aufbau der Infrastruktur mittelfristig schwierig gestalten, wenn man sich von einem Outsourcing-Partner planmäßig trennen will. Somit ergibt sich in den meisten Fällen (insbesondere bei wesentlichen Auslagerungen) eine starke Bindung an den Outsourcing-Partner, einhergehend mit einem Verlust von Entscheidungs- und Gestaltungsspielräumen, die stets mit einer Verringerung der Einflussmöglichkeiten auf die Leistungserbringung verbunden sind. Der Verlust von spezifischem Know-how und Betriebsgeheimnissen stellt einen weiteren Nachteil dar.

Wie bereits erwähnt, wird durch das „Outsourcing"-Modul die Transparenz über mögliche Abhängigkeiten und Risiken deutlich erhöht, was wiederum zu einer solideren Informationsbasis für die Prognosen des Risikomanagements führt. Somit würde, unterstellt man, dass von den einzelnen Netzwerkpartnern valide Informationen hinsichtlich Ihrer Situation geliefert werden, der Raum für opportunistisches Verhalten reduziert werden können.

Dem „Outsourcing"-Modul der MaRisk ist aus Sicht eines Netzwerks ein hoher Stellenwert beizumessen. Die aus diesem Modul resultierenden Informationen liefern einen zusätzlichen Beitrag für die Prognosen des Logistik-Risikomanagementsystems. Somit sollte das „Outsourcing"-Modul nach Möglichkeit bei der Implementierung/Optimierung eines Logistik-Risikomanagementsystems in einem Unternehmensnetzwerk eingeführt werden. Allerdings könnte die Validität der von den einzelnen Partnern gemeldeten Informationen nur durch eine Interne Netzwerkrevision sichergestellt werden.

6.1.8 Adressenausfallrisiken

Gemäß BTR 1 dürfen Handelsgeschäfte grundsätzlich nur mit Vertragspartnern getätigt werden, für die Kontrahentenlimite eingeräumt wurden. Dabei sind alle Handelsgeschäfte auf das einzelne Limit einer Gegenpartei anzurechnen.[493] Bei Handelsgeschäften sind darüber hinaus grundsätzlich auch Emittentenlimite einzurichten.[494] Die getätigten Handelsgeschäfte sind dabei unverzüglich auf die definierten Limite anzurechnen. Ferner sind die Positionsverantwortlichen über die aktuelle Ausnutzung der für sie relevanten Limite zeitnah zu informieren.[495] Der Geschäftsleitung ist in regelmäßigen Abständen, mindestens aber vierteljährlich, ein entsprechender Risikobericht, zur Verfügung zu stellen. Der Risikobericht hat die wesentlichen strukturellen Merkmale des Kreditgeschäfts zu enthalten sowie u.a. bedeutende Limitüberschreitungen (einschließlich einer Begründung) zu umfassen.[496]

Übertragen auf ein netzwerkweites Logistik-Risikomanagementsystem würde die Implementierung eines „Adressenausfallrisiko"-Moduls bedeutet, dass die dezentral anfallenden Logistik-Adressenausfallrisiken (d.h. Risiken aus Forderungen, wie z.B. vergebene Kunden- oder Distributorenkredite, Beteiligungen und Geldanlagen, sowie Risiken aus Verbindlichkeiten, wie z.B. eigene Refinanzierungsrisiken und genutzte Lieferantenkredite) zentral erfasst und überwacht werden.

Die Bedeutung einer strukturierten Erfassung von Logistik-Adressenausfallrisiken in einem arbeitsteiligen Unternehmensnetzwerk hat (insbesondere vor dem Hintergrund der zunehmenden Probleme an den Finanzmärkten) eine sehr hohe Bedeutung, da Risiken aus Forderungen oder auch Risiken aus Verbindlichkeiten durch die strukturierte Erfassung mit Hilfe von Limits überwacht und gesteuert werden können. Die so gewonnene Transparenz kann dem Unternehmensnetzwerk helfen, Risiko-Cluster zu identifizieren, und mit Hilfe von Limits zu begrenzen.

Der Hauptanreiz eines „Adressenausfallrisiko"-Moduls ergibt sich für ein Netzwerk durch das Poolen der Daten. Durch die Aggregation z.B. von ausgefallenen und offenen Forderungen (wie z.B. Distributorenkredite) wird erst transpa-

---

493 BaFin 2007a, BTR 1 Tz. 3, S. 23.

494 BaFin 2007a, BTR 1 Tz. 4, S. 24. Dieser Punkt wird vor dem Hintergrund der zunehmenden Probleme an den (internationalen) Finanzmärkten immer wichtiger.

495 BaFin 2007a, BTR 1 Tz. 5, S. 24.

rent, wie groß das Risiko von unterschiedlichen Clustern oder sog. Klumpenrisiken für das Unternehmensnetzwerk ist. Auch wäre so grundsätzlich (unbeachtet bestehender gesetzlicher Beschränkungen wie durch das Datenschutzgesetz) die netzwerkübergreifende Identifizierung von latent gefährdeten Risikoclustern möglich (z.B. bei bestehenden Distributorenkrediten, wenn durch eine Datenbankanalyse ermittelt wird, dass eine Gruppe von Distributoren die Einräumung eines Skontos bei einzelnen Netzwerkpartnern neuerdings nicht mehr nutzt).

Um in einem Unternehmensnetzwerk ein Logistik-„Adressenausfallrisiko“-Modul gemäß der MaRisk zu implementieren, sind von den Netzwerkpartnern relativ hohe personelle und technische Beiträge zu leisten. Je nach Komplexität des geplanten Risikomanagementsystems müssten die personellen und technischen Voraussetzungen entsprechend geschaffen werden, um die Daten bei den einzelnen Netzwerkpartnern zu erfassen und an den zentralen Funktionsträger zu übermitteln bzw. die Ergebnisse (z.B. Limitausnutzung etc.) an die einzelnen Netzwerkpartner zurückzuspielen. Auch bestünde wieder das Problem, wie die Kosten und Aufwendungen des zentralen Funktionsträgers den einzelnen Netzwerkpartnern in Rechnung gestellt werden könnten.

Durch die Notwendigkeit der Offenlegung der einzelnen Adressenausfallrisiken der Netzwerkpartner kann, insbesondere wenn der zentrale Funktionsträger des Logistik-Risikomanagements bei einer kooperativen Wettbewerbsbeziehung in einem Unternehmensnetzwerk von einem der Mitglieder gestellt wird, Raum für Opportunismus geschaffen werden.

Der Einrichtung eines „Adressenausfallrisiko“-Moduls ist aus Sicht eines Unternehmensnetzwerks ein sehr hoher Stellenwert beizumessen (insbesondere vor dem Hintergrund der aktuellen Entwicklung der Finanzmärkte). Die aus diesem Modul resultierenden Informationen liefern einen wesentlichen Beitrag für die Prognosen des Logistik-Risikomanagementsystems. Somit sollte dieses Ma-

---

[496] BaFin 2007a, BTR 1 Tz. 7, S. 24.

Risk-Modul bei der Implementierung eines Logistik-Risikomanagementsystems in einem Unternehmensnetzwerk ganzheitlich eingeführt werden. Allerdings könnte die Validität der von den einzelnen Partnern gemeldeten Informationen nur durch eine Interne Netzwerkrevision sichergestellt werden.

6.1.9 Marktpreisrisiken

Zur Begrenzung der Marktpreisrisiken müssen Kreditinstitute gemäß MaRisk BTR 2 u.a. auf Grundlage der Risikotragfähigkeit ein System von Limiten einrichten.[497] Marktpreisrisiken im Sinne der MaRisk sind Kursrisiken, Zinsänderungsrisiken, Währungsrisiken sowie Marktpreisrisiken aus Warengeschäften.[498] Gemäß der Vorgaben darf kein mit Marktpreisrisiken behaftetes Geschäft ohne Marktpreisrisikolimit abgeschlossen werden.[499] Die mit Marktpreisrisiken behafteten Positionen des Anlagebuches sind mindestens vierteljährlich und die mit Marktpreisrisiken behafteten Positionen des Handelsbuches täglich zu bewerten.[500] Über die vom Institut eingegangenen Marktpreisrisiken muss der Geschäftsleitung in regelmäßigen Abständen, mindestens aber vierteljährlich, ein Risikobericht vorgelegt werden, der u.a. auch bedeutende Limitüberschreitungen enthalten muss.[501]

Übertragen auf ein netzwerkweites Logistik-Risikomanagementsystem würde die Implementierung eines „Marktpreisrisiko"- Moduls bedeuten, dass die in einem Unternehmensnetzwerk dezentral vorkommenden Marktpreisrisiken zentral überwacht und ausgewertet werden könnten. Die mit Marktpreisrisiken behafteten Logistik-Positionen könnten z.B. in der Zukunft (auf Dollar-Basis) bestellte Container sein, die einem Wechselkursrisiko unterliegen oder aufgrund vorliegender Kunden-Bestellung in der Zukunft liegende aufwendige

---

497 BaFin 2007a, BTR 2.1 Tz. 1, S. 25.

498 BaFin 2007b, BTR 2.1 Tz. 1, S. 42.

499 BaFin 2007a, BTR 2.1 Tz. 2, S. 25.

500 BaFin 2007a, BTR 2.3 Tz. 1, S. 26 und BTR 2.2. Tz. 2, S. 25.

501 BaFin 2007a, BTR 2.1 Tz. 5, S. 25.

LKW-Lieferungen (die im Preis einkalkuliert waren), die einem Kursrisiko des Benzinpreises unterliegen. Die jeweils eingegangenen Risiken müssten dann pro Netzwerkpartner bzw. kumuliert für das Gesamtunternehmensnetzwerk bezogen auf jedes definierte einzelne Marktpreisrisiko (z.B. Dieselpreis-Kursrisiko) erfasst und den definierten Limiten gegenübergestellt werden.

Die Bedeutung einer strukturierten Erfassung von Logistik-Marktpreisrisiken in einem arbeitsteiligen Unternehmensnetzwerk hat eine sehr hohe Bedeutung, da Logistik-Risiken durch die strukturierte Erfassung mit Hilfe von Limits überwacht und gesteuert werden können. Die so gewonnene Transparenz kann den Netzwerkpartnern helfen, auch die Risiken von sehr volatilen Produkten (wie z.B. dem Dieselpreis) transparent zu erfassen und zu begrenzen.

Ein Anreiz für die einzelnen Netzwerkpartner ist, dass sie durch ein zentrales Logistik-Risikomanagementsystem ihre Logistik-Marktpreisrisiken begrenzen können. Für das gesamte Unternehmensnetzwerk (und somit wiederum auch für die einzelnen Netzwerkpartner) ergibt sich aber noch ein viel größerer Vorteil, da durch dieses Modul erst die Nutzung von Skaleneffekten ermöglicht wird. Denn durch die Aggregation z.B. der zukünftigen Diesel-Positionen der einzelnen Netzwerkpartner würde transparent, wie stark das Unternehmensnetzwerk von dieser Einzelposition und somit vom Dieselpreis abhängig ist. Je nach Volumen könnte die gesamte Position durch langfristige Forward-Verträge oder ähnliches abgesichert werden (z.B. ähnlich einer Einkaufsgenossenschaft), wovon wiederum die einzelnen Netzwerkpartner profitieren würden.

Um in einem Unternehmensnetzwerk ein Logistik-„Marktpreisrisiko“-Modul gemäß den MaRisk zu implementieren, sind von den Netzwerkpartnern hohe personelle und technische Beiträge zu leisten. So müssten sich die Netzwerkmitglieder erst einmal darauf einigen, welche der im Netzwerk vorkommenden Logistik-Marktpreisrisiken erfasst werden sollen. Ferner müssten auch die technischen Voraussetzungen vorliegen oder geschaffen werden, um die entsprechenden Daten bei den einzelnen Netzwerkpartnern manuell oder automatisch zu erfassen und an den zentralen Funktionsträger zu übermitteln bzw. die Ergebnisse (z.B. Limitausnutzung etc.) an die einzelnen Netzwerkpartner zu kommunizieren. Auch bestünde wieder das Problem, wie die Kosten und Aufwendungen des zentralen Funktionsträgers den einzelnen Netzwerkpartnern in Rechnung gestellt werden könnten.

Durch die Notwendigkeit der Offenlegung der einzelnen Logistik-Marktpreisrisiken kann, insbesondere wenn der zentrale Funktionsträger des Logistik-Risikomanagementsystems bei einer kooperativen Wettbewerbsbeziehung in einem Unternehmensnetzwerk von einem der Mitglieder gestellt wird, Raum für Opportunismus geschaffen werden.

Der Einrichtung eines „Marktpreisrisiko"-Moduls für das Logistik-Risikomanagementsystem ist aus Sicht eines Unternehmensnetzwerks ein hoher Stellenwert beizumessen. Die aus diesem Modul resultierenden Informationen liefern einen zusätzlichen Beitrag für die Prognosen des Logistik-Risikomanagementsystems. Somit sollte dieses MaRisk-Modul nach Möglichkeit bei der Implementierung eines Logistik-Risikomanagementsystems in einem Netzwerk ganzheitlich oder partiell eingeführt werden. Allerdings könnte die Validität der von den einzelnen Partnern gemeldeten Informationen nur durch eine Interne Netzwerkrevision sichergestellt werden.

6.1.10 Liquiditätsrisiken

Gemäß MaRisk BTR 3 hat ein Kreditinstitut sicherzustellen, dass es seine Zahlungsverpflichtungen jederzeit erfüllen kann.[502] Dazu hat das Institut für einen geeigneten Zeitraum eine Liquiditätsübersicht zu erstellen, in der die erwarteten Mittelzuflüsse den erwarteten Mittelabflüssen gegenübergestellt werden.[503] Bei der Erstellung der Liquiditätsübersicht sind vom Institut regelmäßig angemessene Szenariobetrachtungen anzustellen, die vom Institut individuell zu definieren sind (wie z.B. für den Ausfall bedeutender Kreditnehmer oder für die Strei-

---

502 BaFin 2007a, BTR 3 Tz. 1, S. 26.

503 BaFin 2007a, BTR 3 Tz. 2, S. 26.

chung wichtiger Kreditlinien, die dem Institut eingeräumt wurden). Über die Liquiditätssituation ist der Geschäftsleitung regelmäßig Bericht zu erstatten.[504]

Die Bedeutung einer strukturierten Erfassung von Liquiditätsrisiken in einem Unternehmensnetzwerk hat eine sehr hohe Bedeutung. Zum einen kann so Transparenz über die gegenwärtige und zukünftige Liquiditätssituation erzielt werden. Zum anderen können gemeinschaftlich mögliche Gegenmaßnahmen (z.B. Einrichtung eines Unternehmensnetzwerk-Liquiditäts-Notfall-Fonds für die Netzwerkmitglieder) eruiert werden, die einzelne Mitglieder oder auch das ganze Unternehmensnetzwerk im Falle eines Liquiditätsengpasses schützen können.

Hauptanreiz ist die szenariogestützte Schaffung von Transparenz hinsichtlich der zukünftigen Liquiditätssituation des Unternehmensnetzwerks und seiner einzelnen Mitglieder. Basierend auf den Informationen könnten sogar Netzwerkinterne Kredite vergeben werden oder entsprechender Kapitalbedarf einzelner Netzwerkpartner könnte aggregiert werden, um günstigere Konditionen am Finanzmarkt zu erwirken.

Um in einem Unternehmensnetzwerk ein „Liquiditätsrisiko"-Modul gemäß der MaRisk zu implementieren, sind von den Netzwerkpartnern hohe personelle und technische Beiträge zu leisten. Doch der wohl größte Beitrag dürfte wohl die Preisgabe der hochsensiblen Informationen hinsichtlich der jeweiligen Liquiditätssituation der einzelnen Netzwerkmitglieder sein. Je nach Komplexität des Risikomanagementsystems müssten diese sogar Angaben zu liquidierbarem Anlage- und Umlaufvermögen machen. Ferner ist der methodologische Aufwand der Szenariorechnungen nicht zu unterschätzen. Denn für die Ableitungen valider Szenarien müssten die drei MaRisk-Module „Marktpreisrisiken", „Adressenausfallrisiken" und auch „Operationelle Risiken" innerhalb des Netzwerks zum Einsatz kommen.

---

[504] BaFin 2007a, BTR 3 Tz. 2, S. 26.

Durch die Notwendigkeit der Offenlegung der hochsensiblen Informationen hinsichtlich der jeweiligen Liquiditätssituation der einzelnen Netzwerkmitglieder kann Raum für opportunistisches Verhalten und unfaire Nachverhandlungen entstehen. Insbesondere durch die Preisgabe von hochsensiblen Informationen, wie dem möglichen Volumen von kurzfristig liquidierbarem Anlage- und Umlaufvermögen oder dem zukünftig benötigten Fremdkapitalbedarf, lassen sich evtl. Rückschlüsse auf die Finanzkraft der einzelnen Netzwerkpartner vornehmen. Dieses Wissen kann dann später z.B. nach einer möglich Auflösung des Netzwerks oder auch dem Austritt einzelner Mitglieder missbraucht werden.

Der Einrichtung eines „Liquiditätsrisiko“-Modul ist aus Sicht eines Unternehmensnetzwerks ein sehr hoher Stellenwert beizumessen und sollte deshalb als Modul in einem Logistik-Risikomanagementsystem enthalten sein. Allerdings gilt auch hier wieder, dass die Validität der von den einzelnen Partnern gemeldeten Informationen nur durch eine interne Netzwerkrevision sichergestellt werden kann.

6.1.11 Operationelle Risiken

Gemäß MaRisk BTR 4 müssen Kreditinstitute wesentliche operationelle Risiken zumindest jährlich identifiziert und beurteilt werden.[505] Ferner müssen Kreditinstitute bedeutende Schadensfälle erfassen und unverzüglich hinsichtlich ihrer Ursachen analysieren.[506] Mindestens einmal im Jahr ist die Geschäftsleitung über wesentliche Operationelle Risiken und bedeutende Schadensfälle zu unterrichten. In der Berichterstattung müssen die Art des Schadens bzw. Risikos, die Ursachen, das Ausmaß sowie gegebenenfalls bereits getroffene Gegenmaßnahmen dargestellt werden.[507]

---

505 BaFin 2007a, BTR 4 Tz. 2, S. 27.

506 BaFin 2007a, BTR 4 Tz. 3, S. 27.

507 BaFin 2007a, BTR 4 Tz. 4, S. 27.

Übertragen auf ein netzwerkweites Logistik-Risikomanagementsystem würde die Implementierung eines Moduls „Operationelle Risiken“ bedeutet, dass die Operationellen Risiken und Schäden regelmäßig bei den Netzwerkpartnern abgefragt und zentral erfasst, aufbereitet und analysiert werden würden.

Die Bedeutung des MaRisk Moduls „Operationelle Risiken“ ist für ein netzwerkweites Logistik-Risikomanagementsystem als sehr hoch anzusehen, da dieses Modul als „Auffangbecken“ für alle anderen Risikobereiche dient. So werden alle Risiken und Schäden, die aus der Unangemessenheit oder dem Versagen von internen Verfahren, Menschen und Systemen oder durch externe Ereignisse (wie z.B. Fraud etc.) eintreten, systematisch überwacht und gesteuert. Dies beinhaltet Schäden und Risiken aus der Unangemessenheit oder dem Versagen von internen Verfahren, Menschen und Systemen aus den MaRisk- Modulen „Marktpreisrisiken“, „Adressenausfallrisiken“ und „Liquiditätsrisiken“ sowie aus dem Modul „Operationelle Risiken“ selbst.

Diese Einschätzung wird auch durch die durchgeführte empirische Untersuchung bestätigt, in der 12 von 14 der befragten Unternehmen mit Risikomanagement angaben, Operationelle Risiken in ihrem Risikomanagement zu berücksichtigen und in den Operationellen Risiken auch die größten Gefahren für ihr Unternehmen sehen.

Der Hauptanreiz des MaRisk-Moduls „Operationelle Risiken“ liegt für ein Unternehmensnetzwerk (wie auch für die einzelnen Netzwerkpartner) in der Generierung einer belastbaren Informationsbasis über die Leistungsqualität bzw. Störungen des Geschäftsablaufs durch die Analyse der dezentral gemeldeten Operationellen Risiken und eingetretenen Schadensfälle. Die Schadenfalldatenbank ist dabei nicht nur „das zentrale Instrument“ im Modul „Operationelle Risiken“, sondern im gesamten Risikomanagementprozess. Sie dient zur Erfassung der unternehmensweiten bzw. netzwerkweiten eingetretenen Schadensfälle. Die systematische Erhebung von Schadensfällen ist die Grundlage für die (reaktive) Risikosteuerung, da die Schadensfälle mit den gemeldeten Risiken (der MaRisk-Module „Marktpreisrisiken“, „Adressenausfallrisiken“, „Liquiditätsrisiken“ und „Operationelle Risiken“) abgeglichen werden. Somit schafft sie die Basis für ein „Selbstlernendes System“.

Für ein Unternehmensnetzwerk haben Schadensfalldatenbanken darüber hinaus den Vorteil, dass die Risikofelder schneller erkannt werden können und die Gemeinschaft der an den Datenpool angeschlossenen Netzwerkunternehmen somit aus den Erfahrungen der anderen rechtzeitig lernen kann. Voraussetzung für den Erfolg einer Schadensfalldatenbank in Unternehmensnetzwerken ist jedoch, dass die an einem solchen Pool angeschlossenen Netzwerkunternehmen für das Thema sensibilisiert sind. Der Erfolg eines solchen Informationssystems ist umso größer und es ist umso aussagekräftiger, je mehr Netzwerkunternehmen daran angeschlossen sind und je häufiger sie sich an der Weitergabe von Schadensfalldaten beteiligen.

Eine Schadensfalldatenbank hat jedoch nicht nur Vorteile. Ein Hauptproblem ist die Anreizproblematik. Es muss sichergestellt werden, dass eingetretene Schäden auch ordnungsgemäß und zeitnah erfasst und gemeldet werden. Des Weiteren kann eine Abgrenzung zwischen Marktpreis-, Kredit- und Operationellen Risiken problematisch sein. Zudem ist es nicht immer möglich die genaue Schadenshöhe zu quantifizieren, insbesondere bei indirekten Schäden und den Folgekosten (z.B. nach einem Netzwerkausfall).

Somit besteht eine wichtige und aufwendige Aufgabe darin, einvernehmlich getragene und verbindliche Definitionen und Regeln für das Modul „Operationelle Risiken“ im Unternehmensnetzwerk aufzustellen, d.h. es muss explizit geklärt werden:

- welche Tatbestände als Risiken zu erfassen sind,
- wie Operationelle Risiken von anderen Risikoarten abgegrenzt werden,
- welche Ereignisse als Schaden zu erfassen sind bzw.
- welche Ereignisse von einer Erfassung ausgeschlossen werden sollten (schwebende Verfahren, Beinaheschäden etc.) und
- wie die Meldung von Operationellen Risiken und Schäden erfolgen soll.

Insbesondere bei der Meldung von Schadensfällen (wie auch bei der Meldung von Operationellen Risiken) besteht jedoch die latente Gefahr, dass ein Netzwerkunternehmen nicht wahrheitsgemäß meldet, um eigene Schwachstellen (z.B. Risiken, die aus einem veralteten Fuhrpark resultieren) bzw. eigene Minderleistungen (z.B. eingetretene Schäden, wie den Verlust einer Ladung durch einen Motorbrand eines nahezu schrottreifen LKWs) vor den anderen Netzwerkpartnern zu verbergen. Dies spielt insbesondere in Fällen von kooperativen Wettbewerbsbeziehungen eine wichtige Rolle.

Wie hinreichend dargestellt wurde, ist die Bedeutung des MaRisk-Moduls „Operationelle Risiken“ für ein netzwerkweites Logistik-Risikomanagementsystem als sehr hoch anzusehen, da dieses Modul als „Auffangbecken“ für alle anderen Risikobereiche dient und mit der Schadensfalldatenbank die Basis für ein „Selbstlernendes System“ schafft. Beim Aufbau eines netzwerkweiten Logistik-Risikomanagementsystems stellt das Modul „Operationelle Risiken“ einen unverzichtbaren Grundstein dar. Insgesamt hängt der Erfolg allerdings stark von der Akzeptanz und der Beteiligung der am Netzwerk angeschlossenen Partner ab. Das Modul „Operationelle Risiken“ kann nur so gut sein, wie die Mitglieder bereit sind, Informationen über Schadensfälle und Operationelle Risiken mit ihren Netzwerkpartnern zu teilen. Eine optionale Erweiterung wäre die zusätzliche Verknüpfung bzw. der Abgleich des Moduls „Operationelle Risiken“ mit Versicherungsportfolien der einzelnen Netzwerkpartner.

6.1.12 Standard- und Ad-hoc-Reporting

Gemäß MaRisk AT 4.3 hat sich die Geschäftsleitung in angemessenen Abständen über die Risikosituation und die Ergebnisse der Szenariobetrachtungen berichten zu lassen. Wesentlich ist, dass dabei neben einer Darstellung auch eine Beurteilung der Risikosituation enthalten muss. Bei Bedarf sind in die Risikoberichterstattung auch Handlungsvorschläge, z.B. zur Risikoreduzierung aufzunehmen.[508] Wesentliche Informationen sind unverzüglich an die Geschäftsleitung und die jeweiligen Verantwortlichen sowie gegebenenfalls die

---

[508] BaFin 2007a, BTR 4.3.2 Tz. 4, S. 8.

Interne Revision weiterzuleiten.[509] Einen besonderen Stellenwert nehmen jedoch Ad-hoc-Meldungen ein. Diese erfolgen bei gravierenden Veränderungen, insbesondere bei Überschreitung festgelegter Schwellenwerte/Limite. Typischerweise werden Ad-hoc-Meldungen ausgelöst, wenn:

- wesentliche Risiken neu erkannt werden, die noch nicht inventarisiert sind,
- wesentliche Risiken einzutreten drohen, die bereits inventarisiert wurden,
- Indikatoren für wesentliche Risiken entsprechende Limits erreichen oder
- wesentliche Risiken sich in Form von Schäden realisiert haben (z.B. Streik bei einem Lieferanten).[510]

Unabhängig von der vom Unternehmensnetzwerk für das Logistik-Risikomanagementsystem gewählten modularen Struktur (z.B. nur Modul „Operationelle Risiken“) muss zumindest die Standard- sowie auch die Ad-hoc-Berichterstattung im Internen Kontrollsystem sowie in den Organisationsrichtlinien hinreichend verankert sein. Es müssen explizite Vorgaben hinsichtlich der Funktionsträger und auch Regelungen bestehen, die explizite Angaben zum Turnus (bzw. Auslösemechanismus) der Berichterstattung, Umfang des Inhalts, zur Art der Kommunikation, zum Absender, Empfängerkreis, zu Mitwirkungspflichten sowie bis hin zur Archivierung machen.

Die institutionelle Verankerung der Standard- und Ad-hoc-Berichterstattung im Internen Kontrollsystem und in den Organisationsrichtlinien stellt die notwendige Bedingung für ein Logistik-Risikomanagementsystem dar, egal wie dieses auch ausgestaltet ist.

Die elementare Bedeutung von Standard- und Ad-hoc-Reportings konnte in der in dieser Arbeit durchgeführten Befragung grundsätzlich bestätigt werden. Das Risiko-Reporting findet in über 50% der befragten Unternehmen in regelmäßigen Abständen statt. Allerdings haben fast 70% der befragten Unternehmen keine Regelungen für Ad-hoc-Meldungen.

---

[509] BaFin 2007a, BTR 4.3.2 Tz. 5, S. 8.

[510] Vgl. Gleißner 2008, S. 215f.

Eine valide Verankerung der Standard- und Ad-hoc-Reportingline trägt dazu bei, Vertrauen zwischen den Netzwerkpartnern aufzubauen und aufrechtzuerhalten. Je höher das Vertrauen zwischen den Netzwerkpartnern ist, desto einfacher ist es möglich, ein Logistik-Risikomanagementsystem in einem Unternehmensnetzwerk zu betreiben.[511] Zugleich bietet der Risikobericht eine Entscheidungsgrundlage für Maßnahmen zur Risikobewältigung.Ein weiteres Problem dürfte sich bei den definitorischen Abgrenzungen für Begriffe wie „wesentliche Information" und „unverzüglich" ergeben. Hier könnte es zu Abstimmungsproblemen und einem erhöhten Kommunikations- und Koordinationsbedarf innerhalb des Unternehmensnetzwerks kommen. Weiterer Planungs- und Koordinationsbedarf ergibt sich (abhängig von der jeweiligen Struktur des Unternehmensnetzwerks und dem jeweiligen modularen Aufbau des Logistik-Risikomanagementsystems) aus der stufenweisen Aggregation der unterschiedlichen Risikoberichte zu einen Gesamt-Risikobericht.

Auf Grund der elementaren Bedeutung der Kommunikation für Risikomanagementsysteme muss das Standard- und Ad-hoc-Reporting im Internen Kontrollsystem und den Organisationsrichtlinien des Logistik-Risikomanagementsystems verankert sein.

6.2 Modulare Struktur eines Logistik-Risikomanagementsystems

Basierend auf den bisherigen Ergebnissen kann grundsätzlich davon ausgegangen werden, dass eine modulare Übertragung der MaRisk auf Unternehmensnetzwerke möglich ist.

Aus den theoretischen Erkenntnissen sowie den Ergebnissen der durchgeführten explorativen Befragung lassen sich für die modulare Implementierung/Optimierung eines Logistik-Risikomanagementsystems in Unternehmens-

---

[511] Vgl. Kajüter 2007, S. 19.

netzwerken nun nachfolgend dargestellte Gestaltungs- bzw. Handlungsempfehlungen[512] ableiten.

MaRisk-Module	**Empfehlung** (Elementar vs. Optional)**:**
Strategie	Elementar
Internes Kontrollsystem	Elementar
Interne Revision	Elementar
Organisationsrichtlinien	Elementar
Risikotragfähigkeits- & Szenariorechnungen	Elementar
Standard- und Ad-hoc-Reporting	Elementar[513]
Notfallmanagementsystem	Optional
Outsourcing	Optional
Adressenausfallrisiken	Optional
Marktpreisrisiken	Optional
Liquiditätsrisiken	Optional
Operationelle Risiken	Elementar

Tab. 6: Gestaltungsempfehlungen für den modularen Aufbau eines Logistik-Risikomanagementsystems für Unternehmensnetzwerke. (Quelle: Eigene Darstellung)

Als Ergebnis der vorliegenden Untersuchung ist zu konstatieren, dass zum Aufbau und zum Betreiben eines netzwerkweiten Logistik-Risikomanagementsystems die nachfolgend aufgeführten MaRisk-Module berücksichtig werden müssen, um einen **Organisatorischen Grundrahmen** (unabhängig von der institutionellen Architektur des jeweils betrachteten Netzwerks) zu schaffen.

Strategie: Wie die vorhergehenden Ausführungen gezeigt haben, ist es zur Implementierung eines netzwerkweiten Logistik-Risikomanagementsystems notwendig, eine einheitlich (von allen Netzwerkpartnern) getragene Strategie zu

---

512 Klassifizierung der Empfehlung: Elementar (d.h. Empfehlung sollte komplett umgesetzt werden) und Optional (d.h. Empfehlung ist grundsätzlich entbehrlich).

513 Müssen im Internen Kontrollsystem und in den Organisationsrichtlinien verankert sein.

formulieren, in der die jeweils verfolgten Ziele und Planungen der wesentlichen Geschäftsaktivitäten sowie die damit verbundenen Risiken explizit fixiert sind.[514]

Internes Kontrollsystem: Ferner ist es für die Schaffung eines organisatorischen Grundrahmen notwendig, ein Internes Kontrollsystem zu implementieren, das bei der Ausgestaltung der Aufbau- und Ablauforganisation sicherstellt, dass miteinander unvereinbare Tätigkeiten durch unterschiedliche Mitarbeiter ggfs. Netzwerkpartner durchgeführt werden.[515] Darüber hinaus sind Prozesse sowie die damit verbundenen Aufgaben, Kompetenzen, Verantwortlichkeiten, Kontrollen sowie Kommunikationswege eindeutig zu definieren und aufeinander abzustimmen.[516]

Organisationsrichtlinien: Passend zum Internen Kontrollsystem muss das Unternehmensnetzwerk einheitlich (von allen Netzwerkpartnern) getragene Organisationsrichtlinien aufstellen, die sicherstellen, dass die Risikomanagementaktivitäten auf der Grundlage eines explizit definierten Regelwerks betrieben werden (z.B. Handbücher, Arbeitsanweisungen oder Arbeitsablaufbeschreibungen).[517]

Standard- und Ad-hoc-Reporting: Bei der Ausgestaltung des Internen Kontrollsystems und der Organisationsrichtlinien muss das Unternehmensnetzwerk darauf achten, dass das Standard- und Ad-hoc-Reporting hinreichend verankert ist.[518] Insbesondere dem Ad-hoc-Reporting kommt in diesem Zusammenhang eine herausragende Bedeutung zu.

Interne Revision: Wie hinreichend dargestellt wurde, besteht bei Unternehmensnetzwerken grundsätzlich eine Informations- und Know-how-Asymmetrie, die insbesondere bei Unternehmensnetzwerken mit kooperativem Wettbewerb zu opportunistischem Verhalten führen kann. Da aber valide Informationen und

---

[514] Vgl. BaFin 2007a AT 4.2, S. 7.

[515] Vgl. BaFin 2007a AT 4.3.1 Tz.1, S. 7.

[516] Vgl. BaFin 2007a AT 4.3.1 Tz. 2, S. 7.

[517] Vgl. BaFin 2007a AT 5 Tz. 1, S.9.

[518] Vgl. BaFin 2007a AT 4.3.2 Tz. 4, S. 8.

Fakten Grundvoraussetzung für ein funktionsfähiges Risikomanagementsystem sind, kann nur durch den Einsatz einer Internen Netzwerkrevision gewährleistet werden, dass die dezentralen Einheiten (d.h. die Netzwerkpartner) valide Angaben in das Risikomanagementsystem einfließen lassen. Ferner muss diese Interne Netzwerkrevision regelmäßig die Wirksamkeit und Angemessenheit des Risikomanagementsystems im Allgemeinen und des Internen Kontrollsystems im Besonderen prüfen.

In diesen dargestellten organisatorischen Grundrahmen können, je nach auftretenden Risiken im Unternehmensnetzwerk die einzelnen Module für die unterschiedlichen Risikoarten (d.h. Adressenausfallrisiken, Marktpreisrisiken, Liquiditätsrisiken, Operationelle Risiken) optional eingehängt werden.

Wenn diese vier Risikoarten durch die Verwendung der jeweiligen MaRisk-Module in einen Risikomanagementsystem angemessen zum Einsatz kommen würden, wäre eine belastbare Basis geschaffen, die Logistik-Risiken von Supply Chains, wie:

- Demand Risiken,
- Supply Risiken,
- Produktionsrisiken und
- Umgebungsrisiken

hinreichend zu überwachen und zu steuern.

Wie dargestellt wurde, ist mit einem erheblichen Aufwand für die Implementierung der 4 unterschiedlichen Risiko-Module (d.h. Adressenausfallrisiken, Marktpreisrisiken, Liquiditätsrisiken, Operationelle Risiken) zu rechnen.

Operationelle Risiken: Unter der Prämisse begrenzter Ressourcen sollte aber zumindest das MaRisk-Modul „Operationelle Risiken" in einem netzwerkweiten Logistik-Risikomanagementsystem zum Einsatz kommen, da so zumindest alle Risiken und Schäden, die aus der Unangemessenheit oder dem Versagen von internen Verfahren, Menschen und Systemen oder durch externe Ereignisse (wie z.B. Fraud etc.) bestehen bzw. eintreten, systematisch erfasst und überwacht werden. Ferner schafft das Modul durch seine Forderung nach einer

Unternehmensnetzwerk-Schadensfalldatenbank, den Grundstein für ein selbstlernendes Logistik-Risikomanagementsystem.

Eine dezidiertere Erfassung der Risikosituation des Unternehmensnetzwerks wäre durch die zusätzliche Implementierung der **MaRisk-Module** für **„Liquiditätsrisiken“**, **„Adressenausfallrisiken“** und **„Marktpreisrisiken“** möglich. Inwieweit die Vorgaben der MaRisk hinsichtlich ihrer analytischen Granularität umgesetzt werden, hängt von der jeweiligen institutionellen Architektur des Netzwerk und der verfolgten Strategie ab.

Egal welche der vier Risikoarten-Module in einem Logistik-Risikomanagementsystem implementiert werden, sollte hinsichtlich der instrumentelle Bestückung auf gar keinen Fall auf den Einsatz von Risikotragfähigkeits- und Szenariorechnungen verzichtet werden. Mithilfe einer Risikotragfähigkeitsrechnung könnte das Unternehmensnetzwerk ermitteln, ob und inwieweit Risiken ohne wesentliche Auswirkungen auf die Geschäftstätigkeit eintreten können. Für die im Rahmen der Risikotragfähigkeit berücksichtigten Risiken sind regelmäßig angemessene Szenarioberechnungen vorzunehmen.

Zusätzlich könnte das Logistik-Risikomanagementsystem optional durch die MaRisk-Module „Notfallmanagementsystem“ und „Outsourcing“ ergänzt werden.

Wie dargestellt wurde, könnten die zuvor genannten MaRisk-Module grundsätzlich auf Unternehmensnetzwerke übertragen werden.

Allerdings ist zu vermuten, dass es insbesondere bei Unternehmensnetzwerken mit einem kooperativen Wettbewerb zu Hindernissen bei der Umsetzung kommen kann (z.B. wenn mehrere Partner in einem Netzwerk die gleiche Leistung anbieten oder wenn einige Netzwerkpartner nur regional zusammenarbeiten und in anderen Regionen Konkurrenten sind). Bezug nehmend auf die erzielten Ergebnisse und den in Kapitel 3.5.2 vorgestellten institutionellen Handlungsrahmen, ist für diese Unternehmensnetzwerke davon auszugehen, dass die wesentlichen Herausforderungen beim Aufbau eines Logistik-Risikomanagementsystems in den Modell- und Organisations-Ebenen liegen.

Denn wie in den vorangegangenen Kapitel hinreichend gezeigt wurde, ist die Grundvoraussetzung zum Aufbau eines Logistik-Risikomanagementsystems der Austausch und die zentrale Verarbeitung von hochsensiblen Informationen hinsichtlich der jeweiligen Substanz und Leistung der einzelnen Netzwerkpartner. Wie hinreichend dargestellt wurde, ist davon auszugehen, dass der Zugang zu diesen hochsensiblen Informationen Raum für Opportunismus schafft. Insbesondere dann, wenn einzelne Netzwerkpartner ein exklusives Zugriffsrecht auf die hochsensiblen Informationen ihrer „Wettbewerber" haben (wenn sie z.B. als Funktionsträger fungieren). Somit muss, bevor das Logistik-Risikomanagementsystem auf dem „Reißbrett" geplant werden kann, geklärt werden, wie die organisatorische Implementierung erfolgen soll. Wie dargestellt wurde, wäre für diese Unternehmensnetzwerke die Externalisierung des Logistik-Risikomanagementsystems eine Lösung, um dem Problem von möglichem opportunistischem Verhalten der einzelnen Mitglieder zu entgehen. Diese Externalisierung könnte einmal über die Beauftragung von Beratern oder Wirtschaftprüfern erfolgen oder über die gemeinsame Gründung einer neuen Gesellschaft, die als interner Dienstleister des Netzwerks diese Leistung für das Netzwerk anbietet.

6.3 Prüfschema für Analysten

Wie eingangs der Untersuchung (vgl. Kapitel 1) dargestellt wurde, sollte im Rahmen der vorliegenden Arbeit auch die Frage beantwortet werden, nach welchen Anhaltspunkten interne Analysten (wie z.B. die Interne Revision) und externe Analysten (wie z.B. der Jahresabschlussprüfer) suchen müssen, um die grundsätzliche Eignung eines Logistik-Risikomanagementsystems in einem Unternehmensnetzwerk beurteilen zu können. Wie hinreichend dargestellt wurde, bezieht sich die Eignung auf die **Angemessenheit** und **Wirksamkeit**.

Basierend auf den bisher erzielten Ergebnissen wird von der Autorin hierzu ein **zweistufiges Vorgehen** vorgeschlagen, was im Nachfolgenden dargestellt ist.

Bezug nehmend auf die hergeleitete Prüfmatrix „Risikomanagement gemäß MaRisk“ Evolutionsstufe 3 (vgl. dazu auch Abb. 4 in Kap. 3.5, Abb. 6 in Kap. 3.5.1 und Abb. 8 in Kap. 3.5.2):

- ist zuerst die Angemessenheit **(Prüfstufe 1)** des Logistik-Risikomanagementsystems zu beurteilen. Die Angemessenheit stellt in diesem Kontext die notwendige Bedingung der Eignung dar.
- Erst danach erfolgt die Beurteilung der Wirksamkeit (**Prüfstufe 2)** des Logistik-Risikomanagementsystems. Diese stellt die hinreichende Bedingung der Eignung dar. Die Beurteilung der Wirksamkeit kann dabei einmal über die Suche nach materiellen Anhaltspunkten oder durch eine anonyme Befragung der Organe (Geschäftsführung) bzw. der Mitarbeiter (z.B. Abteilungsleiter) erfolgen.

Die **Prüfungsobjekte**, die in beiden Prüfstufen hinsichtlich ihrer Angemessenheit und Wirksamkeit analysiert werden, sind:

- der Gesamtregelkreis (oder auch Meta-Regelkreis), der den organisatorische Grundrahmen für das Logistik-Risikomanagementsystem liefert (vgl. Kapitel 5.2) und
- die implementierten einzelnen Regelkreise (oder auch Sub-Regelkreise) für die unterschiedlichen Risikoarten (d.h. Adressenausfallrisiken, Marktpreisrisiken, Liquiditätsrisiken, Operationelle Risiken).

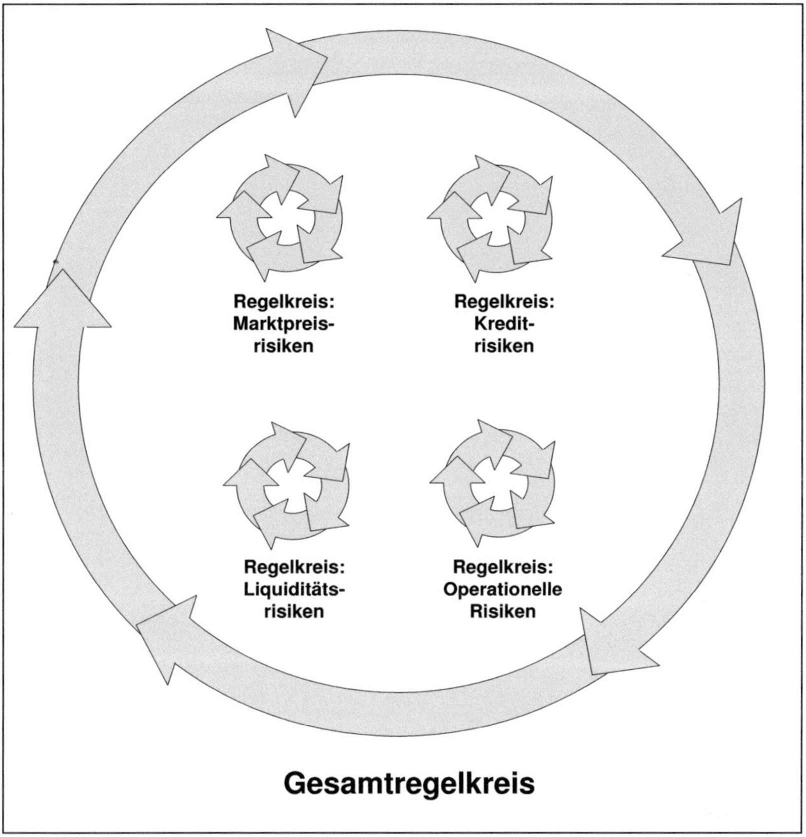

Abb. 10: Prüfobjekte (Quelle: Eigene Darstellung)

Basierend auf der analytischen Granularität der MaRisk müssen je nach modularer Ausgestaltung (vgl. Kapitel 5.2) somit mindestens 2 (max. 5) Regelkreise als Untersuchungsobjekte die Prüfstufen 1 und 2 durchlaufen.

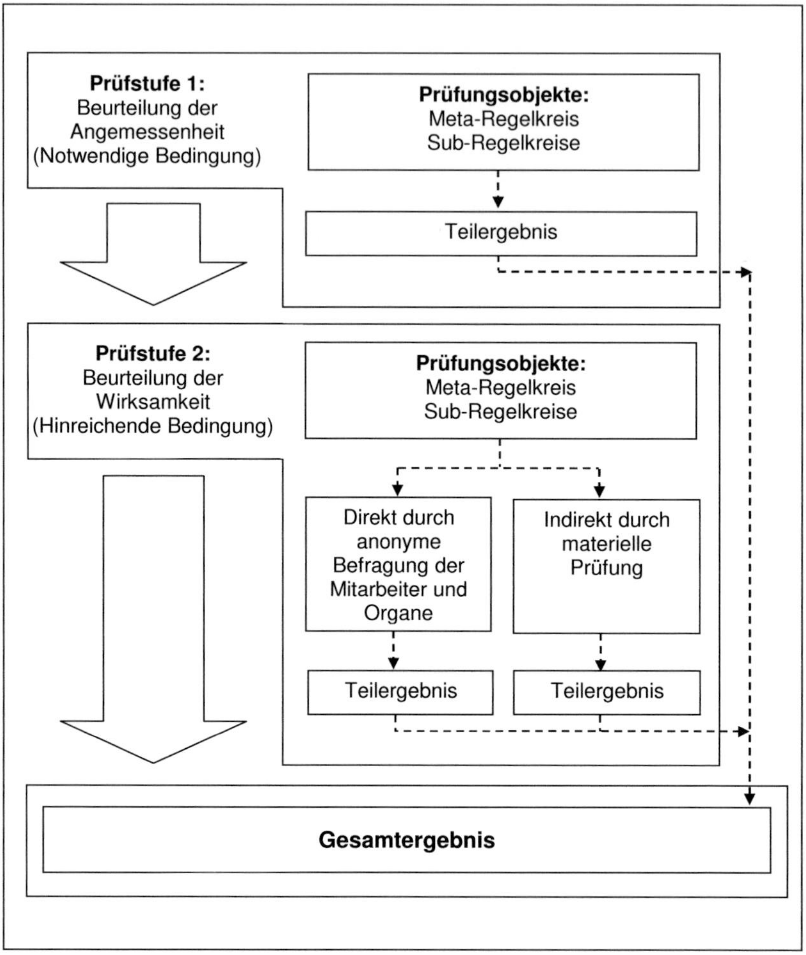

Abb. 11: Prüfschema (Quelle: Eigene Darstellung)

Zur Bildung eines belastbaren Gesamtergebnisses müssen beide Prüfstufen von den Analysten „durchlaufen" werden.

Die Eignung eines Logistik-Risikomanagementsystems kann nach der zuvor dargestellten Prüfsystematik aber nur als gegeben angesehen werden, wenn das entsprechend geprüfte System

- **angemessen** (d.h. in Bezug auf die Geschäftsstrategie und Risikosituation des Unternehmensnetzwerks; insbes. den damit verbundenen spezifischen Logistikrisiken) und
- **wirksam** (d.h. alle Modellregelungen, Organisations- und Technikstrukturen kommen durch die Mitarbeiter entsprechend der Planung zur Anwendung) ist.

Demnach bedingt die Angemessenheit die Wirksamkeit des Risikomanagementsystems was zur Folge hat, dass die zweite Prüfstufe nur dann sinnvoll durchlaufen werden kann, wenn die erste Prüfstufe erfolgreich absolviert worden ist.

Ein positives Gesamtergebnis (d.h. Prüfstufe 1 und 2 wurden erfolgreich durchlaufen) darf hinsichtlich seiner Aussagekraft allerdings nicht überinterpretiert werden. Denn selbst wenn im Rahmen einer Prüfung das Logistik-Risikomanagementsystem eines Unternehmensnetzwerks als angemessen und wirksam beurteilt wurde, kann letztendlich nie ausgeschlossen werden, dass einzelne Risiken doch nicht voll umfänglich erfasst werden.

Eine von den externen oder internen Analysten vorgenommene Bewertung, die dem beschriebenen Vorgehen folgt, kann jedoch grundsätzlich als belastbare Tendenzaussage herangezogen werden.

7 Zusammenfassung

Die Rahmenbedingungen für unternehmerische Aktivitäten haben sich in den letzten Jahren erheblich gewandelt. Die zunehmende Verflechtung der Weltwirtschaft und der intensivierte Eintritt in das Informationszeitalter fordern ein stärker risikoorientiertes Management, höhere Transparenz sowie die wertorientierte Steuerung des Unternehmens. Als Reaktion auf verschiedene Insolvenzen[519] und zur Anpassung des deutschen Rechts an internationale Standards wurde im Mai 1998 das Gesetz zur Kontrolle und Transparenz (KonTraG) erlassen. Durch das Gesetz wird die Einrichtung eines Risikomanagementsystems (Risikofrüherkennungssystems) zumindest für Aktiengesellschaften verpflichtend vorgeschrieben.[520] Das Ziel eines solchen Risikomanagementsystems ist jedoch nicht nur das frühzeitige Erkennen von Risiken, sondern auch das Aufdecken von möglichen Chancen. Das setzt ein konsequentes Chancen- und Risikomanagement voraus.[521]

Dennoch zeigt sich in unterschiedlichen Studien, dass die Einrichtung und Ausgestaltung von Risikomanagementsystemen in der Praxis noch unterentwickelt sind, obwohl viele Unternehmen das Thema Risikomanagement für wichtig erachten.[522] Dieses Ergebnis wurde durch die in dieser Untersuchung durchgeführte Befragung bestätigt (vgl. Kapitel 5).

Wie in dieser Arbeit hinreichend gezeigt wurde (vgl. Kapitel 3) bestehen mit den MaRisk für die Kreditwirtschaft wesentlich dezidiertere und weitreichendere Vorgaben, als die vom KonTraG geforderten.

---

519 Z.B. bei der Metallgesellschaft AG, Bremer Vulkan, Phillip Holzmann, Schneider AG, Klöckner-Humboldt-Deutz-Konzern, Balsam, Südmilch/Sachsenmilch vgl. Neumann 1998, S. 482.

520 Obwohl KonTraG sich vorwiegend an börsennotierte Aktiengesellschaften richtet, sind sich Literatur und Praxis weitgehend einig, dass durch die amtliche Gesetzesbegründung die Neuregelung auch auf die Pflichten der Geschäftsführung anderer Rechtsformen ausstrahlt.

521 Vgl. Reichmann 2006, S. 599; Wittmann 2000a, S. 793.

522 Vgl. Lück 2004b, S. 20; Romeike 2005, S. 246f., Wagner/Bode 2007, S. 73.

Ausgehend von der Globalisierung, den veränderten Kundenwünschen sowie den Beziehungen zu Lieferanten und Netzwerkpartnern ist die Logistik einer Vielzahl verschiedener Risikofaktoren ausgesetzt (vgl. Kapitel 4.1). Risiken in der Logistik ergeben sich in der Regel entlang des gesamten Wertschöpfungsnetzwerkes, da sich die Störungen nicht punktuell begrenzen lassen.

Da, wie eingangs der Untersuchung gezeigt wurde, der (elektronische und/oder physische) Tausch von Geld als Zwischentauschmittel für Waren und Dienstleistungen aber abstrakt betrachtet nichts anderes als ein **Spezialfall der Logistik** ist, lag der Gedanke nahe zu prüfen, ob und wie die MaRisk auf die Logistikprozesse in und zwischen Unternehmensnetzwerken zu übertragen sind. Aus dieser Idee ergaben sich die nachfolgenden **Forschungsfragen**, die im Mittelpunkt der vorliegenden Untersuchung standen:

1. Die Untersuchung sollte zum einen klären, wie ein Risikomanagementsystem grundsätzlich (branchen- und funktionsunabhängig) aufgebaut und instrumentell ausgestaltet sein sollte, um alle Logistik-Risiken und Störungspotenziale in einem Unternehmensnetzwerk geeignet abzudecken. Dazu sollte die Übertragbarkeit der gesetzlichen Anforderungen zum Risikomanagement von Kreditinstituten auf die Logistik in Unternehmensnetzwerken analysiert werden. Ferner sollte im Weiteren analysiert werden, welche Risiken in der Logistik von und in Unternehmensnetzwerken vorherrschen und welche Maßnahmen zu deren Handhabung ergriffen werden können.

2. Darüber hinaus sollte die Untersuchung klären, nach welchen Anhaltspunkten externe Analysten (wie z.B. Wirtschaftsprüfer und Analysten von Banken und Versicherungen) und interne Analysten (wie z.B. MA der Organisationsabteilung) suchen müssen, um die Eignung eines modularen Logistik-Risikomanagementsystems beurteilen zu können.

Untersuchungsobjekt waren fokal geführte Unternehmensnetzwerke. Im Fokus der Untersuchung standen dabei alle von einem Unternehmensnetzwerk **selbsterstellten** und **ausgelagerten Logistikleistungen und -prozesse** aus den Bereichen Beschaffung, Produktion, Distribution und Entsorgung.

In der Untersuchung wurden die nachfolgend zusammengefassten Ergebnisse erzielt:

1. Leitfrage:

Um Aussagen bezüglich der dieser Untersuchung zugrundeliegenden Forschungsfragen machen zu können, wurde aufgrund der immensen Heterogenität der unterschiedlichen Netzwerktypen (d.h. Aufbau, Zielsetzung etc.) die analytische Granularität auf ein Minimum reduziert. Zur Illustrierung der sich bei Netzwerken grundsätzlich ergebenden Besonderheiten wurde keine Differenzierung in intra- und interorganisationale Netzwerke vorgenommen, sondern der Definitionsmodifikation von Mildenberger gefolgt, der allgemein unter Unternehmensnetzwerken „...eine auf die Realisierung von Wettbewerbsvorteilen zielende Organisationsform ökonomischer Aktivitäten zwischen Markt und Hierarchie versteht, die sich durch komplex-reziproke, eher kooperative denn kompetitive und relativ stabile Beziehungen zwischen weitgehend autonomen Unternehmen oder organisatorischen Teileinheiten von Unternehmen auszeichnet".[523] Diese Definition schließt sowohl inter- wie auch intraorganisationale Unternehmensnetzwerke ein. Es wurde gezeigt, dass sich die (logistischen) Beziehungen der Netzwerkpartner in einem Unternehmensnetzwerk analytisch durch folgende Merkmale charakterisieren lassen:

- Steuerungsform bzw. Führungsstruktur,
- zeitliche Stabilität,
- Zielbezug und Arbeitsteilung.

2. Leitfrage:

Unabhängig von dem speziellen Netzwerktyp (intra- oder interorganisationale Netzwerke) bestehen grundsätzlich immer die gleichen Logistik-Risiken. In diesem Zusammenhang wurde in der vorliegenden Arbeit gezeigt, dass sich die „klassische Sicht" bzw. die 8 R's der Logistik (d.h., dass das richtige Produkt/die **r**ichtige Ware bzw. die **r**ichtige Leistung, in der **r**ichtigen Menge, in der **r**ichtigen Qualität, zur **r**ichtigen Zeit, zu den **r**ichtigen Kosten, am **r**ichtigen Ort, mit den **r**ichtigen Informationen/Daten für den **r**ichtigen Kunden, zur Verfügung steht[524]) nur bedingt eignen, die Risiken in der Logistik von Netzwerken modellhaft zu erfassen. Stattdessen wurde die moderne Sichtweise des Supply Chain Managements herangezogen, um die Logistik-Risiken in Supply Chains zu untersuchen. Die moderne Sichtweise unterscheidet zwischen: Supply-Risiken, Demand-Risiken, Produktions-Risiken und Umgebungs-Risiken (vgl. Kapitel 4.1).

Zur strukturierten Erfassung der Risiken einer Supply Chain wurde von der Autorin gezeigt, dass die analytische Sichtweise der MaRisk mit den vier Risiko-Felder:

- Marktpreisrisiken,
- Liquiditätsrisiken,
- Adressenausfallrisiken und
- Operationelle Risiken

als Strukturierungshilfe zum Management der Logistik-Risiken in einem Netzwerk herangezogen werden können.

3. Leitfrage:

Wie in der vorliegenden Untersuchung dargestellt wurde, ergeben sich aus den grundsätzlichen **Netzwerkcharakteristiken** und den grundsätzlichen **Logistik-Netzwerkrisiken** spezielle Anforderungen. Demnach muss ein Logistik-Risikomanagementsystem dafür sorgen, dass es den möglichen Opportunismus seiner Netzwerkpartner reduziert und kontrollieren muss, wenn es ein Logistik-Risikomanagement aufbauen und betreiben will.

---

523 Mildenberger 1998, S. 24.

524 Manche Autoren sprechen von sechs, andere von acht R's der Logistik. Vgl. Koether 2008; Jetzke 2007.

4. Leitfrage:

Ferner wurde in der vorliegenden Untersuchung gezeigt, dass sich die MaRisk dem Ansatz nach grundsätzlich auf die Logistikleistungen und -prozesse in Unternehmensnetzwerken übertragen lassen. Hierbei haben die Unternehmen die Möglichkeit einer modularen Umsetzung der MaRisk. Branchen- und funktionsunabhängig gilt dabei, dass es theoretisch möglich ist, ein Risikomanagementsystem auf der Grundlage der MaRisk in Unternehmensnetzwerken umzusetzen. Praktisch ist der Umsetzungserfolg zum Teil von der Machtstruktur innerhalb des Unternehmensnetzwerks abhängig (vgl. Implikationen für weitere Forschungsansätze).

5. Leitfrage:

Wie in der vorliegenden Untersuchung dargelegt werden konnte, kommt einzelnen MaRisk-Modulen eine besondere Bedeutung für ein netzwerkweites Logistik-Risikomanagementsystem zu.

Demnach sind die nachfolgenden MaRisk-Module notwendig, um einen **organisatorischen Grundrahmen** zu schaffen:

- Strategie,
- Internes Kontrollsystem,
- Interne Revision,
- Organisationsrichtlinien,
- Risikotragfähigkeits- und Szenariorechnungen.

In diesen organisatorische Grundrahmen können die einzelnen Module für die unterschiedlichen Risikoarten (d.h. Adressenausfallrisiken, Marktpreisrisiken, Liquiditätsrisiken, Operationelle Risiken) optional eingehängt werden.

Unter der Prämisse begrenzter Ressourcen sollte allerdings zumindest das MaRisk-Modul Operationelle Risiken in einem netzwerkweiten Logistik-Risikomanagementsystem zum Einsatz kommen, da so zumindest alle Risiken und Schäden, die aus der Unangemessenheit oder dem Versagen von internen

Verfahren, Menschen und Systemen oder durch externe Ereignissen (wie z.B. Fraud etc.) bestehen bzw. eintreten, systematisch erfasst und überwacht werden und es, durch seine Forderung nach einer Netzwerk-Schadensfalldatenbank, den Grundstein für ein selbstlernendes Logistik-Risikomanagementsystem schafft.

Aufgrund der Breite und Komplexität des Themas kann die vorliegende Arbeit selbstverständlich nur einen Überblick verschaffen und den Einstieg in die Thematik erleichtern. Aus der vorliegenden Untersuchung ergeben sich daher für weitere **Forschungsarbeiten folgende Implikationen**:

Da die Untersuchung branchenübergreifend stattgefunden hat, sollten weitere Analysen erfolgen, die die Besonderheiten einzelner Branchen berücksichtigen und näher untersuchen.

Des Weiteren wurde aus Komplexitätsgründen in der Untersuchung darauf verzichtet, eine Unterscheidung hinsichtlich der Funktionsbereiche der Logistik (Beschaffung, Produktion, Distribution, Entsorgung) in den untersuchten Netzwerken zu machen. Weitere Forschungsarbeiten sollten die Besonderheiten einzelner Logistik-Bereiche berücksichtigen und näher untersuchen.

Auf Grund der Tatsache, dass die vorliegende Arbeit die erste ihrer Art ist, war es das Ziel, grundsätzliche Tendenzaussagen für den Ereignisraum der unterschiedlichen Netzwerktypen zu treffen. Somit konnten die unterschiedlichen Typen von intra- und interorganisationalen Netzwerken nur sehr abstrakt erfasst werden. Nachfolgende Untersuchungen sollten der großen Heterogenität der Netzwerktypen gerecht werden und deren Besonderheiten näher untersuchen (insb. Unterschiede hinsichtlich des hierarchischen Aufbaus und der Arbeitsteilung).

Wie in der Untersuchung hinreichend gezeigt wurde, ist der Opportunismus der Netzwerkpartner ein wesentlicher Faktor, der auf die Funktionsfähigkeit eines Risikomanagementsystems einwirkt. Wegen zu vermutender kultureller Unterschiede bezüglich der Ausprägungen von Opportunismus sollten internationale Vergleichstests durchgeführt werden.

Des Weiteren sollte dem „Systemrauschen“ eine hohe Bedeutung beigemessen werden. Mit „Systemrauschen“ ist gemeint, dass es in einem Risikomanagementsystems in den vier Gestaltungsebenen, d.h. in der Modell-, Orga-, Technik- und Mensch-Ebene (vgl. Kapitel 3.5.2) zu Unschärfen bzw. Störungen kommen kann, die dann die Leistungsfähigkeit des Risikomanagementsystems beeinträchtigen können. Die Ursachen für diese Unschärfen bzw. Störungen können dabei von vielschichtiger Natur sein, wie z.B. die analytische Granularität der zeitlichen Reportingstruktur oder das Fehlverhalten von Personal, d.h. „kollektives“ Fehlinterpretieren oder Ignorieren von Vorgaben.[525]

Die empirische Untersuchung hatte nur einen explorativen Charakter, weshalb es für weitere Forschungsarbeiten hilfreich wäre, die erarbeiteten Ideen und Aspekte in einem weiteren Schritt, mit den oben genannten Implikationen in ein standardisiertes Erhebungsinstrument zu überführen und quantitativ zu überprüfen.

---

525 Zur Illustration des Phänomens „Systemrauschen“ eignet sich der Straßenverkehr in besonderer Weise. So kommt es trotz einer Straßenverkehrsordnung (Modell-Ebene), Trainingsmaßnahmen für Fahrer, die einen Führerschein machen (Orga-Ebene), aufgestellten Schildern, Laserpistolen, Ampeln, Geschwindigkeitsmessern in Autos, etc. (Technik-Ebene) sowie den Autofahrern (Mensch-Ebene), dennoch immer wieder zu Tempoüberschreitungen, Unfällen, Ampelfehlschaltungen etc.

Literaturverzeichnis

Ahlert, D. (1996):

Distributionspolitik: Das Management des Absatzkanals, 3. Auflage, Stuttgart, Jena 1996.

Altmann, F. W. (1996):

Stabilität vertraglicher Kooperationsverhältnisse im Franchising: Eine institutionenökonomische Analyse, Münster 1996.

Arnold, D./Isermann, H./Kuhn, A./Furmans, K./Tempelmeier, H. (2008):

Handbuch Logistik, 3. Auflage, Berlin, Heidelberg 2008.

Bachmann, R. (2000):

Die Koordination und Steuerung interorganisationaler Netzwerkbeziehungen über Vertrauen und Macht, in: Sydow, J./Windeler, A. (Hrsg): Steuerung von Netzwerken, Opladen 2000, S. 107-125.

Backhaus, K./Meyer, M. (1993):

Strategische Allianzen und strategische Netzwerke, in: Wirtschaftswissenschaftliches Studium, 22. Jg., Heft 7/1993, S. 332.

Beckmann, H. (2003):

Supply Chain Management, Hamburg 2003.

Bundesanstalt für Finanzdienstleistungsaufsicht (BaFin) (2007a):

Rundschreiben 5/2007 vom 30.10.2007 Mindestanforderungen an das Risikomanagement – MaRisk.

Bundesanstalt für Finanzdienstleistungsaufsicht (BaFin) (2007b):

Anlage 1: Erläuterungen zu den MaRisk in der Fassung vom 30.10.2007

Barnard, C.I. (1938):

The functions of the executive, Cambridge 1938.

Barnard, C.I. (1970):

Die Führung großer Organisationen, 1970.

Basel II (2003):

Baseler Ausschuss für Bankenaufsicht: Management operationeller Risiken – Praxisempfehlungen für Banken und Bankenaufsicht (engl. Fassung: Sound Practices for the Management and Supervision of Operational Risk), Basel 2003.

Basel II (2004):

Baseler Ausschuss für Bankenaufsicht: Internationale Konvergenz der Eigenkapitalmessung und der Eigenkapitalanforderungen. Überarbeitete Rahmenvereinbarung Juni 2004, Basel 2004.

Basel II (2006):

Basel Committee on Banking Supervision: International Convergence of Capital Measures and Capital Standards. A Revised Framework, Basel 2006.

Baumgarten, H. (2004):

Trends in der Logistik, in: Baumgarten, H./Darkow, I.-L./Zadek, H. (Hrsg.): Supply Chain Steuerung und Services: Logistik-Dienstleister managen globale Netzwerke – Best Practices, Berlin 2004, S. 1-11.

BDO (1998):

BDO Deutsche Warentreuhand Aktiengesellschaft: Auswirkungen des Gesetzes zur Kontrolle und Transparenz im Unternehmensbereich (KonTraG) und das Kapitalaufnahmeerleichterungsgesetz (KapAEG), o.O. 1998.

Becker, J./Rieke, T. (2005):

Adaptive Risikoreferenzmodellierung, in: Keuper, F./Roesing, D./ Schomann, M. (Hrsg.): Integriertes Risiko- und Ertragsmanagement –Kunden- und Unternehmenswert zwischen Risiko und Ertrag, Wiesbaden 2005, S. 267 - 293.

Berger, U./Bernhard-Mehlich, I. (2002):

Die Verhaltenswissenschaftliche Entscheidungstheorie, in: Kieser, A. (Hrsg.): Organisationstheorien, 5. unveränderte Auflage, Stuttgart u.a. 2002, S. 133 -168.

Bernecker, T./Präuer, A. (2006):

Risiken und Risikomanagement in Zuliefernetzwerken, in: Die Unternehmung, 60. Jg. 2006, Nr. 1, S. 27-43.

Binder, H. (2008):

Rechtliche Grundlagen des Risikomanagements in Banken und Finanzdienstleistungsinstituten, in: Romeike, F. (Hrsg.): Rechtliche Grundlagen des Risikomanagements, Berlin 2008, S. 133-175.

Blum, U./Dudley, L./Leibbrand, F./Weiske, A. (2005):

Angewandte Institutionenökonomik. Theorien – Modelle – Evidenz, Wiesbaden 2005.

Blohm, H. (1988):

Einführung, in: Blohm, H./Beer, T./Seidenberg, U./Silber, H. (Hrsg.): Produktionswirtschaft. 2. Auflage, Herne, Berlin 1988, S. 19-44.

Brand, D. (1990):

Der Transaktionskostenansatz in der betriebswirtschaftlichen Organisationstheorie, Frankfurt am Main u.a. 1990.

Braun, H. (1984):

Risikomanagement – Eine spezifische Controllingaufgabe, Darmstadt 1984.

Brickley, J.A./Dark, F.H. (1987):

The choice of organizational form: the Case of franchising, in: Journal of Financial Economic, 6/1987, S. 401-420.

Bruch, H. (1998):

Outsourcing. Konzepte und Strategien, Chancen und Risiken, Wiesbaden 1998.

Brühwiler, B. (1980):

Risk Management – eine Aufgabe der Unternehmensführung, Stuttgart 1980.

Borchert, St. (2001):

Führung von Distributionsnetzwerken. Eine Konzeption der Systemführung von Unternehmensnetzwerken zur erfolgreichen Realisation von Efficient Consumer Response-Kooperationen, Wiesbaden 2001.

Bonus, H./Ronte, D. (1992):

Transaktionen, Konventionen, Kunst, in: Tietzel, M. (Hrsg.), Homo oeconomicus IX, München 1992.

Börner, Ch. J. (2000):

Strategisches Bankmanagement, München/Wien 2000.

Börner, Ch. J./Büschgen, H. E. (2003):

Bankbetriebslehre, Stuttgart 2003.

Brandenburger, A. M./Nalebuff, B. J. (1996):

Co-opetition, New York 1996.

Burger, A./Buchhart, A. (2002):

Risiko-Controlling, München, Wien 2002.

Busch, A./Dangelmaier, W. (2004):

Integriertes Supply Chain Management – ein koordinationsorientierter Überblick, in: Busch, A./Dangelmaier, W. (Hrsg.): Integriertes Supply Chain Management. Theorie und Praxis effektiver unternehmensübergreifender Geschäftsprozesse, 2. Auflage, Wiesbaden 2004, S. 1-22.

Bühner, R./Tuschke A. (1997):

Outsourcing, in: DBW 57Jg., Heft 1, 1997, S. 20-30.

Büschgen, H. (1998):

Bankbetriebslehre: Bankgeschäfte und Bankmanagement, 5. Auflage, Wiesbaden 1998.

Castells, M. (2001):

Das Informationszeitalter. Bd.1: Der Aufstieg der Netzwerkgesellschaft, Opladen 2003.

Cavinato, J.L. (2004):

Supply chain logistics risks. From the back room to the board room, in : International Journal of Physical Distribution & Logistics Management, Vol. 34, 2004, S. 383-387.

Chopra, S./Sodhi, M. (2005):

Vor dem Blitzeinschlag. Naturkatastrophen, Krieg und Terrorismus : Wie sich Unternehmen vor dem Reißen ihrer Lieferketten schützen, Teil II, in: Wirtschaftswoche, Nr. 7, 10.02.2005, S. 74-76.

Christopher, M. (2005):

Logistics and supply chain management: creating value-adding networks, Financial Times Prentice Hall, 2005.

Christopher, M./Peck, H. (2004):

Building the Resilient Supply Chain, in: International Journal of Logistics Management, Vol. 15, S. 1-13.

Clemens, R. (1988):

Die Bedeutung des Franchising in der Bundesrepublik Deutschland - Eine empirische Untersuchung von Franchisenehmern und -systemen, Schriften zur Mittelstandsforschung, N.F., Nr. 23, Stuttgart 1988.

Coase, R.H. (1937):

The Nature of the Firm, in: Economica N.S., Vol. 4 (1937), S. 386-405.

Commons, J. R. (1934):

Institutional Economics, Madison 1934.

Corsten, H. (2001):

Grundlagen der Koordination in Unternehmungsnetzwerken, in: Corsten, H. (Hrsg.): Unternehmungsnetzwerke, München 2001.

Corsten, H./Gössinger, R. (2001):

Einführung in das Supply-chain-management, München 2001.

Council of Logistics Management (CLM) (2004):

CLM Purpose & Policies. CLM Definitions. The Definition of Logistics, o.O. 2004.

de Zeeuw A. B. (2000):

Risikomanagementsysteme als Führungsinstrument, IO Management, Jg. 69, 4/2000.

Dauppert, B. M./Jung, K.-P. (2008):

Risikomanagement beim Outsourcing aus Sicht des Kunden, in: Pfohl, H.C. (Hrsg.): Sicherheit und Risikomanagement in der Supply Chain. Gestaltungsansätze und praktische Umsetzung, Hamburg 2008, S. 169-191.

Darr, W. (1992) :

Integrierte Marketing-Logistik, Wiesbaden 1992.

Diederichs, M. / Richter, H. (2001):

Risikomanagement und Risikocontrolling – Transparenz durch risikoadjustiertes Berichtswesen. In: Bilanz & Buchhaltung, 47 (2001), H. 4, S. 135 – 142.

Dietl, H. (1991):

Institutionen und Zeit, München 1991.

Dillerup, R./Foschiani, S. (1996):

Outsourcing-Umfrage: Bloße Sparmaßnahme oder strategische Option? In: Beschaffung aktuell, Heft 1/1996, S. 39-41.

Diller, H. (1994):

Vahlens großes Marketing Lexikon, München 1994.

Doz, Y.L./Hamel, G. (1998):

Alliance Advantage: the Art of Creating Value through Partnering. Boston 1998.

Döring, H. (1998):

Kritische Analyse der Leistungsfähigkeit des Transaktionskostenansatzes, Göttingen 1998.

Dowling, M./Lechner, C. (1998):

Kooperative Wettbewerbsbeziehungen: Theoretische Ansätze und Managementstrategien. In: Die Betriebswirtschaft, Jg. 58, Heft 1, 1998, S. 86-102.

Eberle, A. O. (2005):

Risikomanagement in der Beschaffungslogistik. Gestaltungsempfehlungen für ein System, Bamberg 2005.

Ebers, M./Gotsch, W. (2006):

Institutionenökonomische Theorien der Organisation, in: Kieser, A./ Ebers, M. (Hrsg.): Organisationstheorien, 6. Auflage, Stuttgart 2006, S. 247-306.

Ehrmann, Th. (1991):

Unternehmerfunktion und Transaktionskostenökonomie, oder?: Erwiderung auf Dieter Schneider, in: Zeitschrift für Betriebswirtschaft, 61. Jg. (1991), H. 4, S. 25-530.

Ehrmann, H. (2003):

Logistik, 4. Auflage, Ludwigshafen 2003.

Ehrmann, Th. (2002):

Reale Franchisesysteme, begrenzter Opportunismus und kooperative Elemente, in: Zeitschrift für Betriebswirtschaft, 72. Jg. (2002), Heft 11, S. 1133-1153.

Engelbrecht, C. (2004):

Logistikoptimierung durch Outsourcing, Wiesbaden 2004.

Erben, R./Romeike, F. (2002):

Risk-Management-Informationssysteme – Potentiale einer umfassenden IT-Unterstützung des Risk Managements, in: Pastors/PIKS (Hrsg.): Risiken des Unternehmens, München und Merching 2002, S. 551-579.

Erlei, M./Jost, P.-J. (2001):

Theoretische Grundlagen des Transaktionskostenansatzes, in: Jost, P-J. (Hrsg.): Der Transaktionskostenansatz in der Betriebswirtschaftslehre, Stuttgart 2001, S. 35-75.

Fasse, F.-W. (1995):

Risk-Management im strategischen internationalen Marketing, Hamburg 1995.

Feisel, E./Hartmann, E./Schober, H./Scheppensiefer, M. (2008):

Risikomanagement in China, in: Beschaffung aktuell, 12/2008, S. 26.

Fieten, R. (1999):

Logistik und Materialwirtschaft, in: Weber, J./Baumgarten, H. (Hrsg.): Handbuch Logistik, Stuttgart 1999, S. 52-63.

Fischer, G. (1964):

Die Betriebsführung, Bd. 1: Allgemeine Betriebswirtschaftslehre, 10. Auflage, Heidelberg 1964.

Fleisch, E. (2001):

Das Netzwerkunternehmen. Strategien und Prozesse zur Steigerung der Wettbewerbsfähigkeit in der „Networked Economy", Berlin, Heidelberg 2001.

Gerpott, T. J./Hoffmann, A. P. (2008):

Risikomanagement in Unternehmen, in: WiSt, Heft 1, Januar 2008, S. 7-13.

Gleißner, W. (2008):

Grundlagen des Risikomanagements, München 2008.

Gleißner, W./Lienhard, H./Stroeder, D. (2004):

Risikomanagement im Mittelstand, Eschborn 2004.

Gleißner, W./Romeike, F. (2005):

Risikomanagement, Würzburg 2005.

Göbel, E. (2002):

Neue Institutionenökonomik - Konzeption und betriebswirtschaftliche Anwendungen, Stuttgart, 2002.

Göpfert, I. (2000):

Logistik. Führungskonzeption. Gegenstand, Aufgaben und Instrumente des Logistikmanagements und -controllings. München 2000.

Göpfert, I. (2004):

Einführung, Abgrenzung und Weiterentwicklung des Supply Chain Managements, in: Busch, A./Dangelmaier, W. (Hrsg.): Integriertes Supply Chain Management. Theorie und Praxis effektiver unternehmensübergreifender Geschäftsprozesse, 2. Auflage, Wiesbaden 2004, S. 25-44.

Götze, U./Mikus, B. (2007):

Der Prozess des Risikomanagements in Supply Chains, in: Vahrenkamp, R./ Siepermann, Ch. (Hsrg.): Risikomanagement in Supply Chains, Berlin 2007, S. 29-58.

Grandjot, H.-H. (2006):

Risikomanagement aus betrieblicher Sicht in einem Logistikunternehmen, in: Hector, B. (Hrsg.): Risikomanagement in der Logistik, Deutscher Verkehrsverlag, Hamburg 2006, S. 19-30.

Gutmannsthal-Krizanits, H. (1994):

Risikomanagement von Anlageprojekten, Wiesbaden 1994.

Gümbel, R. (1985):

Handel, Markt und Ökonomik, Wiesbaden 1985.

Hadamitzky, M.C. (1995):

Analyse und Erfolgsbeurteilung logistischer Reorganisationen, Wiesbaden 1995.

Haller, M. (1975):

Sicherheit durch Versicherung?, Bern 1975.

Haller, M. (1986):

Risiko-Management. Eckpunkte eines integrierten Konzepts, in: Jacob, H./Müller, W. (Hrsg.): Schriften zur Unternehmensführung - Risiko-Management, Bd. 33, Wiesbaden 1986, S. 7-43.

Hallikas, J./Karvonen/Pulkkinen/Virolainen/Tuominen (2002):

Risk Management Process in the Network Environment. In: Proceedings of the 12th International Working Seminar on Production Economics. Igls,/Austria 2002.

Hahn, D. (1987):

Risiko-Management – Stand und Entwicklungstendenzen, in: Zeitschrift für Organisation, 56. Jg. (1987), S. 137-150.

Haury, S. (1989):

Laterale Kooperation zwischen Unternehmen: Erfolgskriterien und Klippen, St. Gallen 1989.

Hartmann-Wendels, T./Pfingsten, A./Weber, M. (1998):

Bankbetriebslehre, Berlin et al. 1998.

Henke, M./Besl, R. (2008):

Supplier Risk Management in der Automobilindustrie, in: Beschaffung aktuell, 02/2008, S. 43-44.

Herder-Dorneich, Ph. (1989):

Was leistet die Anreiz-Beitrags-Theorie im Genossenschaftswesen, in: Zerche, J. (Hrsg.): Genossenschaften und genossenschaftliche Forschung – Festschrift des Seminars für Genossenschaftswesen zum 600-jährigen Gründungsjubiläum der Universität zu Köln, 1989.

Herrmann, A./Vollmer, I./Meyrahn, F. (2001):

Outsourcing von Finanzdienstleistungen. In: Marighetti, L. P./Jasny, R./ Herrmann, A./Huber, F. (Hrsg.): Management der Wertschöpfungsketten in Banken, Wiesbaden 2001, S. 145-160.

Herrmann, A./Homburg, Ch. (2000):

Marktforschung: Ziele, Vorgehensweise und Methoden, in: Herrman, A./Homburg, C. (Hrsg.): Marktforschung: Methoden, Anwendungen, Praxisbeispiele, 2. Auflage, Wiesbaden 2000, S. 13-32.

Hess, Thomas (1999):

ZP-Stichwort: Unternehmensnetzwerke, in: Zeitschrift für Planung 10/1999, S. 225-230.

Hofmann, M./Bühler, P. (2004):

Risikomanagement in Unternehmen, in: Guserl, R./Pernsteiner, H. (Hrsg.): Handbuch Finanzmanagement in der Praxis, Wiesbaden 2004, S. 159-197.

Hoitsch, H. /Lingnau, V. (2004):

Kosten- und Erlösrechnung: Eine controllingorientierte Einführung, 5. Auflage, Berlin et al. 2004.

Hornung, K./Reichmann, Th./Diederichs, M. (1999):

Risikomanagement, Teil I: Konzeptionelle Ansätze zur pragmatischen Realisierung gesetzlicher Anforderungen, in: Controlling, 11. Jg. (1999), Heft 7, S. 317-325.

Horváth, P. (2003):

Controlling in Netzwerken, in: Freidank, C.-Ch./Mayer, E. (Hrsg.): Controlling-Konzepte. Neue Strategien und Werkzeuge für die Unternehmenspraxis, 6. Auflage, Wiesbaden 2003.

Hölscher, R. (2000):

Gestaltungsformen und Instrumente des industriellen Risikomanagements. In: Schierenbeck, H. (Hrsg.): Risk Controlling in der Praxis, 1. Auflage, Stuttgart 2000, S. 297 - 362.

Huth, M. (2004):

Risikomanagement der Gefahrgutbeförderung, Wiesbaden 2004.

Institut der Wirtschaftsprüfer (IDW) (1999):

Die Prüfung des Risikofrüherkennungssystems nach § 317 Abs. 4 HGB (IDW PS 340), in: IDW-Fachnachrichten, Heft 8, 1999, S. 350-357.

Institut der Wirtschaftsprüfer (IDW) (2007):

IDW Prüfungsstandards (IDW PS), CD-Rom Ausgabe 2007/2008, Stand: November 2007

Jahrmann, F.-U. (2007):

Außenhandel, Ludwigshafen 2007.

Jarillo, J.C. (1988):

On Strategic Networks, in: Strategic Management Journal, 9. Jg., Heft Nr. 1/1988, S. 31-41.

Jetzke, S. (2007):

Grundlagen der modernen Logistik. Methoden und Lösungen, München 2007.

Johanson, J. / Mattsson L.-G. (1987):

Interorganizational Relationships in Industrial Systems - A Network Approach Compared with the Transaction Cost Approach, Uppsala 1987.

John, G. (1984):

An Empirical Investigation of Some Antecedents of Opportunism in a Marketing Channel, in: Journal of Marketing Research, Vol. 21, 1984, S. 278-289.

Johnson, F. (2001):

Learning from Toys: Lessons in Managing Supply Chain Risk from Toy Industry, in: California Management Review, Jg. 44, Heft 2, Spring 2001.

Jost, P-J. (2001):

Der Transaktionskostenansatz in der Betriebswirtschaftslehre, Stuttgart 2001.

Jost, P.-J. (2004):

Transaktionskostentheorie, in: Schreyögg, G./v.Werder, A. (Hrsg.): Handwörterbuch Unternehmensführung und Organisation, 4. Auflage, Stuttgart 2004, Sp. 1450-1458.

Jung, K.-P./Nowitzky, I. (2006):

Das besondere Risikopotenzial in der Logistik, in: Hector, B. (Hrsg.): Risikomanagement in der Logistik, Deutscher Verkehrsverlag, Hamburg 2006, S.61-69.

Junginger, M. (2005):

Wertorientierte Steuerung von Risiken im Informationsmanagement, Wiesbaden 2005.

Jünemann, R. (1989):

Materialfluss und Logistik. Systematische Grundlagen mit Praxisbeispielen, Berlin 1989.

Jüttner, U. (2003):

Risiko- und Krisenmanagement in Supply Chains, in: Boutellier, R./Wagner, St./Wehrli, H.P. (Hrsg.): Handbuch Beschaffung, Strategien – Methoden – Umsetzung, München 2003, S. 775-795.

Jüttner, U. (2005):

Supply Chain risk management: Understanding the business requirements from a practitioner perspective, International Journal of Logistics Management, Vol. 16, S. 120-141.

Kajüter, P. (2003a):

Instrumente zum Risikomanagement in der Supply Chain, in: Stölzle, W./Otto, A. (Hrsg.): Supply Chain Controlling in Theorie und Praxis, Wiesbaden 2003, S. 107-135.

Kajüter, P. (2003b):

Risk Management in Supply Chains, in: Seuring, St. A./Müller, M./Goldbach, M. (Hrsg.): Strategy and Organization in Supply Chains, Heidelberg 2003, S. 321-336.

Kajüter, P. (2007):

Risikomanagement in der Supply Chain: Ökonomische, regulatorische und konzeptionelle Grundlagen, in: Vahrenkamp, R./Siepermann, Ch. (Hsrg.): Risikomanagement in Supply Chains, Berlin 2007, S. 13-27.

Kaluza, B./Dullnig, H. (2004):

Risikomanagement und Risikocontrolling in Supply Chains, in: Seicht, G. (Hrsg.): Jahrbuch für Controlling und Rechnungswesen 2004, Wien 2004, S. 487-518.

Karten, W. (1993):

Risk-Management, in: Wittmann, W. (Hrsg.): Handwörterbuch der Betriebswirtschaft 1993, Sp. 3825-3836.

Kenning, P. (2002):

Customer Trust Management – Ein Beitrag zum Vertrauensmanagement im Lebensmitteleinzelhandel, Wiesbaden 2002.

Kern, W. (1996):

Produktionswirtschaft: Objektbereich und Konzepte, in: Kern, W./Schröder, H.-H./Weber, J. (Hrsg.): Handwörterbuch der Produktionswirtschaft, 2. Auflage, Stuttgart 1996, Sp. 1629-1642.

Kersten, W./Böger, M./Hohrath, Ph./Späth, H. (2006):

Supply Chain Risk Management: Development of a Theoretical and Empirical Framework, in: Kersten, W./Blecker, Th. (Eds.): Managing Risks in Supply Chains. How to build reliable collaboration in Logistics, Berlin 2006, S. 3-17.

Kersten, W./Hohrath, Ph. (2007):

Risiko-Management in internationalen Supply Chains, in: Wimmer, T./Bobel, T. (Hrsg.): 24. Deutscher Logistik-Kongress, Berlin 2007, S. 166-190.

Kersten, W./Held, T./Meyer, C.M./Hohrath, P. (2007a):

Komplexitäts- und Risikomanagement als Methodenbausteine des Supply Chain Managements; in: Hausladen I./ Mauch, C. (Hrsb): Management am Puls der Zeit - Strategien, Konzepte und Methoden, Band 2: Produktion und Logistik, München 2007, S. 1159-1181.

Kersten, W./Hohrath, P./Böger, M. (2007b):

An Empirical Approach to Supply Chain Risk Management: Development of a Strategic Framework, in: Gupta, S. (Ed.): 18th Annual Conference of the Production and Operations Management Society, Dallas, May 4-7, 2007.

Kersten, W./Hohrath, P./Winter, M. (2008):

Risikomanagement in Wertschöpfungsnetzwerken – Status quo und aktuelle Herausforderungen, in: Wirtschaft und Management, Band 8, Mai 2008, S. 7-21.

Kieser, A./Walgenbach, P. (2007):

Organisation, 5. Auflage, Stuttgart 2007.

Klein, B. (1980):

Transaction Cost Determinants of "Unfair" Contractual Arrangements, in: American Economic Review, 1980, S. 356-362.

Klein, B./Crawford, R.G./Alchian, A.A. (1978):

Vertical Integration, Appropriable Rents, and the Competitive Contracting Process, in: Journal of Law and Economics, 21, 1978, S. 297-326.

Klinkner, R./Straube, F. (2006):

Manufacturing Excellence Report 2006, Stärken erkennen – Maßstäbe setzen, Band 2, Berlin 2006.

Kobi, J.-M. (1999):

Personalrisikomanagement, Wiesbaden 1999.

Koch, T. W./MacDonald, S. Scott (2000):

Bank Management, New York/Sydney/London: The Dryden Press, 4th Edition, 2000.

Koppelmann, U. (1996):

Outsourcing, Stuttgart 1996.

Koether, R. (2008):

Taschenbuch der Logistik, 3. Auflage, München 2008.

Köhler-Frost, W. (2005):

Outsourcing, 5. Auflage, Berlin 2005.

KPMG (1998):

Integriertes Risikomanagement, Berlin 1998.

Krampe, G./Müller-Stewens, G. (1981):

Diffusionsfunktionen als theoretisches und praktisches Konzept zur Strategischen Frühaufklärung, in: ZfB, 33. Jg. 1981, S. 384-401.

Kromschröder, B./Lück, W. (1998):

Grundsätze risikoorientierter Unternehmensüberwachung, in: Der Betrieb, 51. Jg. (1998), Heft 32, S. 1573-1576.

Kröll, A.-M. (2003):

Interorganisationale Netzwerke: Nutzung Sozialen Kapitals für Markteintrittsstrategien, Wiesbaden 2003.

Krumnow, J./Gramlich, L./Lange, Th. A. /Dewner, Th. M. (2002):

Gabler Bank Lexikon, 13. Auflage, Wiesbaden 2002, S. 1107.

Krystek, U. (1999):

Neue Controlling-Aufgaben durch neue Gesetze? KonTraG und InsO als Herausforderung für das Controlling, in: Kostenrechnungspraxis (krp), 43 Jg., Heft 3, 1999, S. 145-151.

Kummer, S./Sudy, I. (2007):

Management von Transport- und Lagerrisiken in Supply Chains, in: Vahrenkamp, R./Siepermann, Ch. (Hsrg.): Risikomanagement in Supply Chains, Berlin 2007, S. 255-272.

Küster, M. (2000):

Opportunismus und Motivation in Franchise- und Vertragshändler-Systemen, Dissertation, Köln 2000.

Kreditwesengesetz (KWG) (2008):

Gesetz über das Kreditwesen, Dezember 2008.

Kriependorf, P. (1989):

Franchising, internationales, in: Macharzina, K./ Welge, M.K. (Hrsg.): Handwörterbuch Export und int. Unternehmung, Stuttgart 1989, Sp. 711-712.

LaLonde, B.J./Cooper, M.C./Noordewier, Th.G. (1988):

Customer Service. A Management Perspective, Oak Brook, Il 1988.

Langley, J. C./van Dort, E./Morton, J./Hoermmken, S./Goh, A./Zabawa, M./Strata, R/ Riegler, M. (2007):

The State of Logistics Outsourcing – 2007 Third-Party Logistics: Results and Findings from the 12th Annual Study, Atlanta 2007.

Lasch, R./Janker, Ch. G. (2007):

Risikoorientiertes Lieferantenmanagement, in: Vahrenkamp, R./ Siepermann, Ch. (Hrsg.): Risikomanagement in Supply Chains, Berlin 2007, S. 111-131.

Lingnau, V./Jonen, A. (2007):

Kognitionsorientiertes Risikocontrolling in der Supply Chain: Balanced Supply Chain Risk Map, in: Vahrenkamp, R./Siepermann, Ch. (Hrsg.): Risikomanagement in Supply Chains, Berlin 2007, S.337-353.

Lochmaier, Lothar (2008):

Operationelles Risikomanagement: Was verändert sich in der IT? In: computerzeitung 12/2008.

Löffler, H./Buschinger, R. (2004):

Risikomanagement und Internes Kontroll-System, in: Guserl, R./Pernsteiner, H. (Hrsg.): Handbuch Finanzmanagement in der Praxis, Wiesbaden 2004, S. 199-219.

Luhmann, N. (1995):

Funktionen und Folgen formaler Organisationen, 4. Auflage, Berlin 1995.

Lück, W. (2004a):

Lexikon der Betriebswirtschaft, 6. Auflage, München et al. 2004.

Lück, W. (2004b):

Der Risikobericht deutscher Unternehmen, in: Frankfurter Allgemeine Zeitung vom 01.03.2004, S. 20.

Macaulay, S. (1991):

Long-term Continuing Relations: The American Experience Regulating Dealer-ships and Franchises, in: Joerges, Ch. (Hrsg.): Franchising and the Law: Theoretical and Comparative Approaches in Europe and the United States, Arbeiten zur Rechtsvergleichung, Bd. 153, Baden-Baden 1991, S. 179-237.

Macharzina, K. (2003):

Unternehmensführung, 4. Auflage, Wiesbaden 2003.

Mandewirth, S. O. (1997):

Transaktionskosten von Handelskooperationen - Ein Effizienzkriterium für Verbundgruppen und Franchise-Systeme, Köln 1997.

Matzenbacher, H.-J./Bertsch, D./Christe, R./Falb, E./Fricke, U./von Heyl, F./Schiefer, B./Veltmann, L. (1999):

Risiko-Management in der Beschaffung – Leitfaden für Unternehmen zur Beherrschung von Risiken im Beschaffungsprozess, Frankfurt am Main 1999.

Mayer, A. (2007):

Modularisierung der Logistik – Ein Gestaltungsmodell zum Management von Komplexität in der industriellen Logistik, Berlin 2007.

Männel, W. (1981):

Die Wahl zwischen Eigenfertigung und Fremdbezug: Theoretische Grundlagen, praktische Fälle, Stuttgart 1981.

Martiensen, J. (2000):

Institutionenökonomik, München 2000.

Matje, A. (1996):

Kostenorientiertes Transaktionscontrolling. Konzeptioneller Rahmen und Grundlagen für die Umsetzung, Wiesbaden 1996.

Meffert, H. (1981):

Verhaltenswissenschaftliche Aspekte Vertraglicher Vertriebssysteme in: Ahlert, D. (Hrsg.): Vertragliche Vertriebssysteme zwischen Industrie und Handel: Grundzüge einer betriebswirtschaftl., rechtl. u. volkswirtschaftl. Beurteilung, Wiesbaden 1981, S. 99-124.

Meffert, H./Meurer, J. (2003):

Der Franchisegeber als Steuermann, in: Nebel, J./Schulz, A./Flohr, E. (Hrsg.): Das Franchise-System: Handbuch für Franchisegeber und Franchisenehmer, 3. Auflage, Neuwied u.a. 2003, S. 371-379.

Meffert, H./Burmann, Ch./Kirchgeorg, M. (2008):

Marketing: Grundlagen marktorientierter Unternehmensführung: Konzepte - Instrumente - Praxisbeispiele, 10. Auflage, Wiesbaden 2008.

Michaelis, E. (1985):

Organisation unternehmerischer Aufgaben – Transaktionskosten als Beurteilungskriterium, Frankfurt a. M. u.a. 1985.

Mikus, B. (2001):

Risiken und Risikomanagement, in: Götze, U./Henselmann, K./Mikus, B. (Hrsg.): Risikomanagement, Heidelberg 2001, S. 3-28.

Mildenberger, U. (1998):

Selbstorganisation von Produktionsnetzwerken: Erklärungsansatz auf Basis der neueren Systemtheorie, Wiesbaden 1998.

Mirschel, St./Rollberg, R. (2007):

Bewertung einer risikomindernden Versorgungskettenverzweigung, in: Vahrenkamp, R./Siepermann, Ch. (Hsrg.): Risikomanagement in Supply Chains, Berlin 2007, S. 83-96.

Moermann, P.A./Commandeur, H.R./Langerak, F. 1996:

Strategische Zusammenarbeit mit industriellen Zulieferern, in: Bullinger, H-J./Warnecke, H-J. (Hrsg.): Neue Organisationsformen im Unternehmen: Ein Handbuch für das moderne Management, Berlin, Heidelberg, 1996, S. 453-465.

Muris, T.J. (1981):

Opportunistic Behavior and the Law of Contracts, in: Minnesota Law Review, Vol. 65, S. 521-590.

Nebel-Tatzel, J. (1994):

Von den Besten lernen: Motivieren mit System, in: Beilage Frankfurter Allgemeinen Zeitung, Nr. 102, vom 03.05.1994, S. B10.

Neumann, H. (1998):

Neue gesetzlich Regelungen zur Überwachung des Unternehmensmanagements – Gesetz zur Kontrolle und Transparenz im Unternehmensbereich (KonTraG), in: BuW, 32. Jg. 1998, S. 481-488.

Neus, W. (2000):

Zur Notwendigkeit und Ausgestaltung der Regulierung von Geschäftsbanken (am Beispiel von Deutschland) - Vortrag anlässlich der Ehrendoktorwürde der Lucian-Blage-Universität Hermannstadt an Prof. Dr. Eberhard Schaich am 11. Mai 2000, Hermannstadt 2000.

Nooteboom, B. (1996):

Trust, Opportunism and Governance: A Process and Control Model, in: Organization Studies 17/6, 1996, S. 985-1010.

Nooteboom, B./ Berger, H./ Noorderhaven, N.G. (1997):

Effects of trust and governance on relational risk, in: Academy of Management Journal, Vol. 40, No. 2, 1997, S. 308-338.

Norrman, A./Jansson, U. (2004):

Ericsson's proactive supply chain risk management approach after a serious sub-supplier accident, in: International Journal of Physical Distribution and Logistics Management, Heft 5/2004, S. 434-456.

Nygaard, A./Dahlstrom, R. (1999):

An Empirical Investigation of Ex Post Transaction Costs in Franchised Distribution Channels, in: Journal of Marketing Research, Vol. XXXVI (May 1999), S. 160-170.

Oberparleitner, K. (1955):

Funktionen und Risiken des Warenhandels, 2. Auflage, Wien 1955.

Paulsson, U. (2004):

Supply Chain Risk Management, in: Brindley, C. (Hrsg.): Supply Chain Risk, Adlershot 2004, S. 79-96.

Peitz, U. (2002):

Struktur und Entwicklung von Beziehungen in Unternehmensnetzwerken, Wiesbaden 2002.

Pfohl, H.-C. (1990):

Strategic Analysis. In: Grochla, E. u.a. (Hrsg.): Handbook of German Business Management, 2. Auflage, Stuttgart u.a. 1990, S. 2269-2282.

Pfohl, H.-C. (1996):

Logistikkosten und -leistungen. In: Kern, W./Schröder, H.-H./Weber, J. (Hrsg.): Handwörterbuch der Produktionswirtschaft, 2. Auflage, Stuttgart 1996, Sp. 1129-1141.

Pfohl, H.-C. (2000):

Logistiksysteme, 6. Auflage, Berlin 2000.

Pfohl, H.-C. (2002):

Risiken und Chancen: Strategische Analyse in der Supply Chain, in: Pfohl, H.-C. (Hrsg.): Risiko- und Chancenmanagement in der Supply Chain, Berlin 2002, S. 1-56.

Pfohl, H.-C. (2008):

Sicherheit und Risikomanagement in der Supply Chain. Gestaltungsansätze und praktische Umsetzung, Hamburg 2008.

Pfohl, H.-C./Gallus, Ph./Köhler, H. (2008):

Konzeption des Supply Chain Risikomanagements, in: Pfohl, H.C. (Hrsg.): Sicherheit und Risikomanagement in der Supply Chain. Gestaltungsansätze und praktische Umsetzung, Hamburg 2008, S. 7-94.

Picot, A. (1982):

Transaktionskostenansatz in der Organisationstheorie: Stand der Diskussion und Aussagewert, in; Die Betriebswirtschaft, 42. Jg. (1982), S. 267-384.

Picot, A. (1985):

Transaktionskosten, in: Die Betriebswirtschaft, 45. Jg. (1985), S. 224-225.

Picot, A. (1986):

Transaktionskosten im Handel. Zur Notwendigkeit einer flexiblen Strukturentwicklung in der Distribution, in; Betriebsberater, Zeitschrift für Recht und Wirtschaft, Beilage 13/1986 zu Heft 27/1986, S. 2-16.

Picot, A. (1991):

Ökonomische Theorien der Organisation. Ein Überblick über neuere Ansätze und deren betriebswirtschaftliches Anwendungspotential, in: Ordelheide, D./Rudolph, B./Büsselmann, E. (Hrsg.): Betriebswirtschaftslehre und Ökonomische Theorie, Stuttgart 1991, S. 143-170.

Picot, A./Maier, M. (1992):

Analyse- und Gestaltungskonzepte für das Outsourcing der betrieblichen Informationsverarbeitung, in: Information Management, 1992, Nr. 2, S. 14-27.

Picot, A./Reichwald, R./Wigand, R. T. (2003):

Die grenzenlose Unternehmung, 5. Auflage, Wiesbaden 2003.

Picot, A./Dietl, H./Franck, E. (2008):

Organisation, 5. Auflage, Stuttgart 2008.

Plowman, E. (1964):

Elements of Business Logistics, Stanford, 1. Auflage, Stanford 1964.

Pümpin, C. (1992):

Strategische Erfolgspositionen. Methodik der dynamischen strategischen Unternehmensführung, Bern u.a. 1992.

Powell, W. W. (1990):

Neither market nor hierarchy: Network forms of organization. In: Research in organizational behavior, 12/1990, S. 295 - 336.

Powell, W.W./Smith-Doerr, L. (1994):

Networks and Economic Life, In: Smelser, N.J./Swedberg, R. (Hrsg.): The Handbook of Economic Sociology, Princeton 1994, S. 368-402.

Prahalad, C. K./Hamel, G. (1990):

The Core Competence of the Corporation, in: Harvard Business Review, May/June 1190, S. 79-91.

Reichmann, Th. (2006):

Controlling mit Kennzahlen und Management-Tools, 7. Auflage, München 2006.

Reichwald, R./Erben, R. F. (2005):

Chancen- und Risikomanagement in der Unternehmung, in: Keuper, F./Roesing, D./Schomann, M. (Hrsg.): Integriertes Risiko- und Ertragsmanagement – Kunden- und Unternehmenswert zwischen Risiko und Ertrag, Wiesbaden 2005, S. 163-193.

Reiß, M. (2000):

Netzwerk-Kompetenz, in: Corsten, H. (Hrsg.): Unternehmungsnetzwerke, München 2001.

Riggers, B. (1998):

Value System Designs – Unternehmenswertsteigerung durch strategische Unternehmensnetzwerke, Wiesbaden 1998.

Rogler, S. (2002):

Risikomanagement im Industriebetrieb. Analyse von Beschaffungs-, Produktions- und Absatzrisiken, Wiesbaden 2002.

Romeike, F. (2005):

Risikomanagement als Grundlage einer wertorientierten Unternehmenssteuerung, in: Stolorz, Ch./Fohmann, L. (Hrsg.): Controlling in Consultingunternehmen: Instrumente, Konzepte, Perspektiven, 2. Auflage, Wiesbaden 2005, S. 245-262.

Romeike, F. (2006):

Der Risikofaktor Mensch – die vernachlässigte Dimension im Risikomanagement, in: Zeitschrift für die gesamte Versicherungswissenschaft, Band 95, 2006, S. 287-309.

Rosenstiel, L. v. (1977):

Arbeitsmotivation und Anreizgestaltung, in: Macharzina, K./ Oechsler, W. (Hrsg.): Personalmanagement, Bd. 1, Wiesbaden 1977, S. 55-77.

Rosenstiel, L. v./Molt, W./Rüttinger, B. (1995):

Organisationspsychologie, 8. Auflage, Stuttgart u.a. 1995.

Rotering, C. (1990):

Forschungs- und Entwicklungskooperationen zwischen Unternehmen: eine empirische Analyse, Stuttgart 1990.

Salzmann, A. (2006):

Gute Performance auch im Schadenfall und bei der Schadenabwicklung, in: Hector, B. (Hrsg.): Risikomanagement in der Logistik, Hamburg 2006, S. 103-113.

Seelbach, H. (1997):

Logistik in der Betriebswirtschaftslehre. In: Koch (Hrsg., 1997), S. 213-237.

Scheuch, E.K. (1973):

Das Interview in der Sozialforschung, in: König, R. (Hrsg.): Handbuch der empirischen Sozialforschung, Bd. 2. Grundlegende Methoden und Techniken der empirischen Sozialforschung. Erster Teil, Stuttgart 1973.

Schitag Ernst & Young (2000):

Business Risk § Internal Audit Services, http://www.schitag.de, 13.06.2000.

Schierenbeck, H./Lister, M. (2002):

Value Controlling, 2. Auflage, München 2002.

Schulte- Althoff, M. (1991):

Projektfinanzierung - Ein kooperatives Finanzierungsverfahren aus Sicht der Anreiz-Beitrags-Theorie und der Neuen Institutionenökonomik, Münster 1991.

Schulte-Zurhausen, M. (2005):

Organisation, 4. Auflage, München 2005.

Schreyögg, G. (2008):

Organisation, 5. Auflage, Wiesbaden 2008.

Scholz, Ch. (1993):

Personalmanagement - Informationsorientierte und verhaltenstheoretische Grundlagen, 3., neubearbeitete und erweiterte Auflage, München 1993.

Schwolgin, A. (2004):

Risikomanagement für Logistikdienstleister, in: Schneider, Ch. (Hrsg.): Controlling für Logistikdienstleister. Konzepte, Instrumente, Anwendungsbeispiele, Trends, Hamburg 2004, S.129-146.

Seifert, M. (2008):

Supply Risk Management, in: Beschaffung aktuell, 09/2008, S. 30.

Sheffi, Y. (2005):

The resilient enterprise, Cambridge, MIT Press, 2005.

Siebert, H.: (1991):

Ökonomische Analyse von Unternehmensnetzwerken. In: Staehle, W.H./Sydow, J. (Hrsg.): Managementforschung 1, Berlin/New York 1991, S. 291-311.

SolvVo (2008):

Solvabilitäts- und Liquiditätsverordnung. Bankrechtliche Regelungen 2a, Februar 2008.

Specht, D./Behrens, St./Mieke, Ch. (2007):

Risikomanagement in technologieorientierten Beschaffungsnetzwerken, in: Vahrenkamp, R./Siepermann, Ch. (Hsrg.): Risikomanagement in Supply Chains, Berlin 2007, S. 133-145.

Staehle, W. H. (1999):

Management, 8. Auflage, München 1999.

Steffenhagen, H. (1975):

Konflikt und Kooperation in Absatzkanälen. Ein Beitrag zur verhaltensorientierten Marketingtheorie, in: Meffert, H. (Hrsg.); Schriftenreihe Unternehmensführung und Marketing Band 5, 1975.

Steven, M./Pollmeier, I. (2006):

Der Risikomanagementprozess in der Supply Chain, in: logistik management, 8. Jg. 2006, Ausgabe 4, S. 7-17.

Steven, M./Pollmeier, I. (2007):

Management von Kooperationsrisiken in Supply Chains, in: Vahrenkamp, R./Siepermann, Ch. (Hsrg.): Risikomanagement in Supply Chains, Berlin 2007, S. 273-286.

Stölzle, W. (2003):

Supply Chain Controlling in Theorie und Praxis, Wiesbaden 2003.

Straube, F. (2004):

e-Logistik: Ganzheitliches Logistikmanagement, Berlin 2004.

Struthoff, R. (1999):

Führung und Organisation von Unternehmensnetzwerken, Göttingen 1999.

Schlüter, H. (2001):

Franchisenehmer-Zufriedenheit. Theoretische Fundierung und empirische Analyse, Wiesbaden 2001.

Schulte, C. (2005):

Logistik. 4. Auflage, München 2005.

Schulte-Zurhausen, M. (2005):

Organisation, 4. Auflage, München 2005.

Schweitzer, M. (1996):

Produktionswirtschaftliche Forschung, in: Kern, W./Schröder, H.-H./Weber, J. (Hrsg.): Handwörterbuch der Produktionswirtschaft, 2. Auflage, Stuttgart 1996, Sp. 1642-1656.

Siebert, H.: (1991):

Ökonomische Analyse von Unternehmensnetzwerken. In: Staehle, W.H./Sydow, J. (Hrsg.): Managementforschung 1, Berlin/New York 1991, S. 291-311.

Simchi-Levi, D./Kaminsky, R./Simchi-Levi, E. (2004):

Managing the supply chain: the definitive guide for the business professional, New York u.a., 2004.

Simon, H.A. (1957):

Models of Man - Social and Rational. New York: Wiley, 1957.

Simon, H.A. (1961):

Administrative Behaviour. New York: Free Press, 1961.

Simon, H.A. (1976):

Administrative Behaviour. A Study of Decision-Making Processes in Administrative Organization, 3. Auflage, New York, London 1976.

Simon, H. A./ March, J. G./ (1958):

Organizations, New York, London, Sydney 1958.

Specht, D./Behrens, St./Mieke, Ch. (2007):

Risikomanagement in technologieorientierten Beschaffungsnetzwerken, in: Vahrenkamp, R./Siepermann, Ch. (Hrsg.): Risikomanagement in Supply Chains, Berlin 2007, S. 133-145.

Sydow, J. (1992):

Strategische Netzwerke: Evolution und Organisation, Wiesbaden 1992.

Sydow, J. (1994):

Franchisingnetzwerke - ökonomische Analyse einer Organisation der Dienstleistungsproduktion und -distribution, in: Zeitschrift für Betriebswirtschaft, Bd. 66 (1), 1994, S. 95-113.

Sydow, J. (1995):

Netzwerkorganisation. Interne und externe Restrukturierung von Unternehmungen, in: WiSt, Heft 12, Dezember 1995, S. 629-634.

Sydow, J. (1999):

Management von Netzwerkorganisationen - Zum Stand der Forschung, in: Sydow, J. (Hrsg.): Management von Netzwerkorganisationen: Beiträge aus der „Managementforschung", Wiesbaden, 1999.

Sydow, J. (2003):

Editorial – Über Netzwerke, Allianzsysteme, Verbünde, Kooperationen und Konstellationen, in: Sydow, J. (Hrsg.): Management von Netzwerkorganisationen, Wiesbaden 2003.

Sydow, J. (2006):

Management von Netzwerkorganisationen, 4. Auflage, Wiesbaden 2006.

Sydow, J./van Well, B. (2006):

Wissensintensiv durch Netzwerkorganisation – Strukturationstheoretische Analyse eines wissensintensiven Netzwerkes, Wiesbaden 2006, S. 143-186.

Terberger, E. (1994):

Neo-institutionalistische Ansätze. Entstehung und Wandel – Anspruch und Wirklichkeit, Wiesbaden 1994.

Theurl, T. (2001):

Die Kooperation von Unternehmen: Facetten der Dynamik, in: Ahlert, D. (Hrsg.): Handbuch Franchising & Cooperation: Das Management kooperativer Unternehmensnetzwerke, Neuwied u.a. 2001, S. 73-91.

Thom, A. (2008):

Entwicklung eines Gestaltungsmodells zum Management von Risiken in Produktionsnetzwerken – ein Beitrag zum Risikomanagement in der Logistik, Berlin 2008.

Topritzhofer, E./Moser, R. (1990):

Exportgeschäft, 7. Auflage, Wien 1990.

Towers Perrin (2008):

Risk Opportunity, Frankfurt a.M. 2008.

Troßmann, Ernst (1991):

Beschaffung und Logistik. In: Bea, F. X./Dichtl, E./Schweitzer, M. (Hrsg): Allgemeine Betriebswirtschaftslehre. Bd. 3: Leistungsprozeß. 5. Auflage, Stuttgart, Jena 1991, S. 7-68.

Vahrenkamp, R. (2007a):

Logistik. Management und Strategien, München 2007.

Vahrenkamp, R. (2007b):

Risikomanagement in Supply Chains, Arbeitspapier zur Logistik, Nr. 65/2007.

Vahrenkamp, R./Siepermann, Ch. (Hrsg.) (2007):

Risikomanagement in Supply Chains, Berlin 2007.

Vogler, M./Gundert, M. (1998):

Einführung von Risikomanagementsystemen. Hinweise zur praktischen Ausgestaltung, in: Der Betrieb, 51. Jg., 1998, Heft 48, S. 2377-2383.

Vollmar, F. (1957):

Begriff und Wesen des Risikos in der Betriebswirtschaftslehre, Stuttgart 1957.

Wagner, St./Bode, Ch. (2007):

Empirische Untersuchung von SC-Risiken und SC-Risikomanagement in Deutschland, in: Vahrenkamp, R./Siepermann, Ch. (Hrsg.): Risikomanagement in Supply Chains, Berlin 2007, S. 59-79.

Wathne, K.H./Heide, J.B. (2000):

Opportunism in Interfirm Relationships: Forms, Outcomes, and Solutions, in: Journal of Marketing, Vol. 64, October 2000, S. 36-51.

Weber, J. (1987):

Logistikkostenrechnung. Berlin 1987.

Weber, J./Kummer, S. (1998):

Logistikmanagement, 2. Auflage, Stuttgart 1998.

Weber, J./Bahke, A./Lukassen, P./Wallenburg, C. M. (2008):

Erfolg in der Logistik – Beziehungen mit Logistikdienstleistern richtig gestalten, Vallendar 2008.

Weber, J. /Weißenberger, B. E. /Liekweg, A. (1999):

Risk Tracking and Reporting: Unternehmerisches Chancen- und Risikomanagement nach dem KonTraGAdvanced Controlling, WHU Koblenz, Koblenz 1999.

Wegehenkel, L. (1980):

Coase-Theorem und Marktsystem, Tübingen 1980.

Weichselbaumer, J. S. (1998):

Kosten der Arbeitsteilung. Ökonomisch-theoretische Fundierung organisatorischen Wandels, Wiesbaden 1998.

Welker, C. B. (1993):

Produktionstiefe und vertikale Integration. Eine organisationstheoretische Analyse, Wiesbaden 1993.

Werner, H. (2007):

Supply Chain Management: Grundlagen, Strategien, Instrumente und Controlling, Wiesbaden 2007.

Wildemann, H. (2008a):

Unternehmensübergreifend Logistik – Supply Chain Management, in: Koether, R. (Hrsg.): Taschenbuch der Logistik, München 2008.

Wildemann, H. (2008b):

Risikomanagement im globalen Einkauf, in: Beschaffung aktuell 01/2008, S. 16.

Williamson, O. E. (1975):

Markets and hierarchies, analysis and antitrust implications: A Study in the Economics of International Organization, New York: Free Press, 1975.

Williamson, O.E. (1979):

Transaction Cost Economics: The Governance of Contractual Relations, in: Journal of Law and Economics, Vol. 22 (1979), S. 233-261.

Williamson, O. E. (1980):

The Organization of Work. A Comparative Institutional Assessment, Journal of Economic Behaviour and Organization 1, 1980, S. 5-38.

Williamson, O. E. (1981a):

The Modern Corporation: Origins, Evolution, Attributes, Journal of Economic Literature Vol. 19, 1981, S.1537-1568.

Williamson, O. E. (1981b):

The Economics of Organization: The Transaction Cost Approach, in: American Journal of Sociology, Vol. 87 (1981), No. 3, S. 548-577.

Williamson, O. E. (1985):

The Economic Institutions of Capitalism - Firms, Markets, Relational Contracting, New York, London 1985.

Williamson, O.E. (1989):

Transaction Cost Economics, in: Schmalensee, R./Willig, R. D. (eds.): Handbook of Industrial Organization, Vol. I, Amsterdam (North-Holland) 1989, S. 135-182.

Williamson, O. E. (1990):

Die ökonomischen Institutionen des Kapitalismus - Unternehmen, Märkte, Kooperationen, Tübingen 1990.

Williamson, O.E. (1991):

Comparative Economic Organization: The Analysis of Discrete Structural Alternatives, in: Administrative Science Quarterly, Vol. 36 (1991), S.269-296.

Williamson, O. E. (1991):

Economic Institutions: Spontaneous and Intentional Governance, Journal of Law, Economics and Organization, 7, Special Issue, 1991, S.159-187.

Williamson, O. E. (1993):

Calculativeness, trust, and economic organization, in: Journal of Law, Economics and Organization, 36, 1993, S. 453-486.

Williamson, O.E. (1993):

The Evolving Science of Organization, in: Journal of Institutional and Theoretical Economics, Vol. 149 (1993), S. 36-63.

Williamson, O. E. (1996a):

Transaktionskostenökonomik - Ökonomische Theorie der Institutionen (New Institutional Economics) 2. Auflage, in: Dietl, H./Erlei, C./Erlei, M./Leschke, M. (Hrsg.), Hamburg 1996.

Williamson, O. E. (1996b):

Economic organization: The case for candor, in: Academy of Managment Review, 21, 1996, S. 48-57.

Williamson, O. E. (2000):

The New Institutional Economics: Taking Stock, Looking Ahead, in: Journal of Economic Literature, Volume XXXVIII, (September 2000), S. 595 - 613.

Winkler, H./Kaluza, B.(2007):

Überlegungen zu einem integrierten Supply Chain Performance- und Risikomanagement, in: Vahrenkamp, R./Siepermann, Ch.(Hrsg.): Risikomanagement in Supply Chains, Berlin 2007, S. 319-335.

Wittmann, E. (2000a):

Risikomanagement im internationalen Konzern, in: Von Dörner, D./Horváth, P./Kagermann, H. (Hrsg.): Praxis des Risikomanagements. Grundlagen, Kategorien, branchenspezifische und strukturelle Aspekte, Stuttgart 2000, S. 789-820.

Wittmann, E. (2000b):

Organisation des Risikomanagements im Siemens Konzern, in: Schierenbeck, H. (Hrsg.): Risk Controlling in der Praxis, Stuttgart 2000, S. 457 - 482.

Wolf, K. (2001):

Risikomanagement strategischer Potentiale, in: CM Controller Magazin, 26 (2001), H. 4, S. 340 - 344.

Wolf, K. (2003):

Risikomanagement im Kontext der wertorientierten Unternehmensführung, Wiesbaden 2003.

Wolf, K./Runzheimer, B. (2000):

Risikomanagement und KonTraG – Konzeption und Implementierung, 2. Auflage, Wiesbaden 2000.

Wolke, Th. (2008):

Risikomanagement, München 2008.

Wullenkord, A. (2005):

Praxishandbuch Outsourcing, München 2005.

Zahn, E./Foschiani, S. (2000):

Wettbewerbsfähigkeit durch interorganisationale Kooperation, in: Kaluza, B./Blecker, Th. (Hrsg.): Produktions- und Logistikmanagement in Virtuellen Unternehmen und Unternehmensnetzwerken, Hamburg 2000.

Zellmer, G. (1990):

Risiko-Management, Berlin 1990.

Ziegenbein, A. (2007):

Supply Chain Risiken: Identifikation, Bewertung und Steuerung, Zürich 2007.

Zilkens, St. (2006):

Wertorientierte Steuerung des Unternehmens – Kapitalbedarf und Absicherung bei Logistikdienstleistern, in: Hector, B. (Hrsg.): Risikomanagement in der Logistik, Hamburg 2006, S. 31-39.

Anhang: Fragebogen

U N I K A S S E L
V E R S I T Ä T

Universität Kassel • D 34109 Kassel

Prof. Dr. Richard Vahrenkamp
Fachgebiet Produktionswirtschaft und Logistik
Fachbereich Wirtschaftswissenschaften

Nora-Platiel-Straße 4
D-34127 Kassel
Telefon: 0561/804-3060
Sekretariat: 0561/804-3058
Telefax: 0561/804-3027
Post-Anschrift:
Universität Kassel, 34109 Kassel
E-Mail: vahrenkamp@wirtschaft.uni-kassel.de
Web: www.ibwl.uni-kassel.de/vahrenkamp

Datum:

Sehr geehrte Damen und Herren,

Risikomanagement ist in der jüngeren Vergangenheit in vielen Unternehmen unterschiedlichster Branchen zu einem aktuellen Thema geworden. Nicht allen Unternehmen ist es aber bisher gelungen, ein Risikomanagementsystem aufzubauen oder sogar ein erweitertes Risikomanagementsystem aufzubauen, dass mit dem **Schadensfallmanagement** und dem **Versicherungsmanagement** verbunden ist.

Offen ist in Wissenschaft und Praxis zurzeit die Frage, ob und wie Unternehmen Risiken, die sich aus Ihren **logistischen Leistungen und -prozessen** ergeben, in ihrem Risikomanagementsystem erfassen.

Zurzeit führen wir eine Untersuchung durch, deren Ziel es ist, den derzeitigen Stand der Ausgestaltung des Risikomanagements und der Erfassung von Risiken aus **logistischen Leistungen und -prozessen** in Risikomanagementsystemen von Unternehmen zu erheben.

Die Untersuchung wird von mir geleitet und von meiner Doktorandin, Frau Steiff, durchgeführt. Sie dient ausschließlich der **wissenschaftlichen Forschung**!

Aufgrund der Sensibilität dieses Themas erfolgt diese Befragung **absolut anonym**, d.h. es werden keine Unternehmensnamen oder -daten preisgegeben.

Wir bitten Sie, den beiliegenden Fragebogen entweder per Fax an: 0561-8043027 oder per Email an: zahlja.steiff@gmx.de zurückzusenden. Gerne senden wir Ihnen die **Ergebnisse dieser Befragung** auf Anfrage per Mail zu.

Für Rückfragen **steht Ihnen Frau Steiff telefonisch unter 0177/5058484 oder per Mail unter zahlja.steiff@gmx.de** jederzeit gerne zur Verfügung. **Wir möchten uns im Voraus für Ihre Unterstützung bedanken und verbleiben**

mit freundlichen Grüßen von der Universität Kassel

Vahrenkamp

Prof. Dr. Richard Vahrenkamp

Dipl.-Ök. Zahlja Steiff

1 Allgemein

In welcher Branche sind Sie tätig?

☐ Logistik/Transport ☐ Handel
☐ Logistikdienstleistung ☐ Chemie
☐ Sonstige Dienstleistungen ☐ IT/Telekommunikation
☐ Energie ☐ Pharma

Welche Größe hat Ihr Unternehmen in Ihrer Branche?

☐ Groß
☐ Mittel
☐ Klein

Welchen Jahresumsatz erwirtschaften sie? ____________________
Wie viele Mitarbeiter beschäftigen sie?______________________

2 Fragen zum Risikomanagement

Nr.	Text	Antwort
2.1	Haben Sie ein **Risikomanagementsystem** (RMS) in ihrem Unternehmen implementiert?	☐ ja ☐ nein

2.2	**Begriffe/Risikoarten**	
	Ist der **Begriff „Risiko“**[1] im Unternehmen eindeutig definiert?	☐ ja ☐ nein
	Welche **Risikoarten** werden in ihrem RMS abgebildet?	☐ Beschaffungsmarktrisiken ☐ Absatzmarktrisiken ☐ Risiken aus Forderungen (wie z.B. Kundenkredite, Beteiligungen, Geldanlagen) ☐ Risiken aus Verbindlichkeiten (wie z.B. eigene Refinanzierungsrisiken) ☐ Liquiditätsrisiken ☐ Operationelle Risiken[2] ☐ Sonstige Risiken ____________________
	Welche der genannten Risikoarten bergen die größte Gefahr in ihrem Unternehmen? (Mehrfachnennung möglich)	☐ Beschaffungsmarktrisiken ☐ Absatzmarktrisiken ☐ Risiken aus Forderungen ☐ Risiken aus Verbindlichkeiten ☐ Liquiditätsrisiken ☐ Operationelle Risiken ☐ Sonstige Risiken ____________________

[1] Unter dem Begriff Risiko wird allgemein eine Verlust- oder Schadengefahr verstanden, die entsteht, wenn eine erwartete zukünftige Entwicklung negativer verläuft als geplant oder sogar existenzbedrohend wird.
[2] Operationelle Risiken resultieren aus dem Versagen von internen Verfahren, Menschen und Systemen oder externen Ereignissen.

2.3	**Organisation**	
	Gibt es einen hauptamtlichen zentralen Risikomanager oder wird diese Funktion von einem (mehreren) Mitarbeiter(n) zusätzlich übernommen?	☐ zentraler Risikomanager ☐ Mitarbeiter macht(en) zusätzlich RM ☐ Sonst ___________
	Gibt es ein aktuelles Risikomanagement-Handbuch, in dem alle organisatorischen Regelungen und Maßnahmen ausführlich hinterlegt sind?	☐ ja ☐ nein
	Gibt es entsprechende Mitarbeiter-Schulungen?	☐ ja ☐ nein
	Sind Eskalationsmechanismen definiert, die bei Regelungslücken (z.B. unklaren Definitionen) greifen?	☐ ja ☐ nein
	Sind Eskalationsmechanismen definiert, die bei Meinungsverschiedenheiten zwischen den Organisationseinheiten greifen (z.B. Meinungsverschiedenheiten hinsichtlich der Einschätzung von abteilungsübergreifenden Risiken)?	☐ ja ☐ nein

2.4	**Tool: Risikoinventur**	
	Gibt es eine regelmäßige Risikoinventur (RI) (d.h. werden Ihre Abteilungsleiter bzw. Spezialisten hinsichtlich der Risiken regelmäßig um eine Risikoeinschätzung gebeten)?	☐ ja ☐ nein (nur einmalige RI) ☐ nein (nicht vorhanden)
	Mit welchen Methoden erfolgt die Risikoinventur?	☐ Self Assessment ☐ Interviews ☐ Sonst ___________

2.5	**Tool: Langfristiger Forecast:**	
	Führen Sie regelmäßig Szenariosimulationen (d.h. Was-Wäre-Wenn-Rechnungen) zu den unter 2.2 aufgeführten Risikoarten durch, die Ihnen einen langfristigen Ausblick (> 1 Jahr) geben?	☐ ja (zu allen) ☐ ja (zu ausgewählten) ☐ nein
	Beinhalten diese Szenariosimulationen auch sogenannte Worst-Case-Simulationen?	☐ ja ☐ nein
	Welchen Planungshorizont benutzen sie bei diesen Szenariorechnungen?	☐ bis 5 Jahre ☐ über 5 Jahre
2.6	**Tool: Kurzfristiger Forecast:**	
	Haben Sie Limits zu den unter 2.2 aufgeführten Risikoarten, die Ihnen kurzfristig (< 1 Jahr) Auskunft über die zur Zeit bestehenden Risiken geben?	☐ ja (zu allen) ☐ ja (zu ausgewählten) ☐ nein

2.7	**Kommunikation**	
	Wie erfolgt die Kommunikation der Risikosituation an die Geschäftsführung?	☐ In regelmäßigen Abständen ☐ In unregelmäßigen Abständen ☐ in einem gesonderten Risiko-Bericht ☐ in einem anderen Bericht (z.B. Finanz - Report)
	Gibt es genaue Vorgaben für Ad hoc Meldungen der einzelnen Abteilungen (z.B. bei plötzlich eintretenden Veränderungen der Risikosituation)	☐ ja ☐ nein

3 Fragen zur Logistik in und zwischen Unternehmen

Nr.	Text	Antwort
3.1	Erfassen Sie Risiken, die sich aus ihren **Logistikleistungen und -prozessen** ergeben, in ihrem RMS gesondert?	☐ ja ☐ nein

3.2	**Begriffe/Risikoarten**	
	Welche Risiken treten in ihrer Logistik in ihrem Unternehmen auf?	☐ Beschaffungsrisiken, z.B. ________ ☐ Produktionsrisiken, z.B. ________ ☐ Distributionsrisiken, z.B. ________ ☐ Entsorgungsrisiken, z.B. ________ ☐ Steuerungsmechanismen in der Logistikkette/ des Logistiknetzwerkes ☐ Konfiguration der Logistikkette / des Logistiknetzwerkes ☐ Sonst ________

3.3	**Organisation**	
	Welche Funktionsbereiche werden durch das Risikomanagement in ihrem Unternehmen abgedeckt?	☐ Einkauf/Beschaffung ☐ Produktion ☐ Absatz ☐ Verwaltung ☐ Sonst ________
	Gibt es einen hauptamtlichen zentralen Risikomanager für Logistik-Risiken oder wird diese Funktion von einem (mehreren) Mitarbeiter(n) Mitarbeiter zusätzlich übernommen?	☐ zentraler Logistik-Risikomanager ☐ Mitarbeiter(en) macht zusätzlich RM ☐ Sonst ________

3.4	**Tools:**	
	Welche (marktüblichen oder branchenspezifischen) Tools kommen in Ihrem Unternehmen zum Einsatz, um Risiken in der Logistik zu identifizieren/bewerten/messen?	☐ Frühwarnsystem (kurzfristig) ☐ Frühwarnsystem (langfristig) ☐ Risiko-Potenzial-Analyse ☐ Risikoinventur (z.B. durch Self Assessment oder Interviews) ☐ Risikomatrix ☐ Sonst ________

4 Fragen zum Schadensfallmanagement[1]

Nr.	Text	Antwort
4.1	Haben Sie ein **Schadensfallmanagementsystem** in ihrem Unternehmen implementiert?	☐ ja ☐ nein

4.2	**Begriffe/Risikoarten**	
	Ist der Begriff „Schaden"[2] im Unternehmen eindeutig definiert?	☐ ja ☐ nein
	Welche Dimensionen werden durch Ihre Schadensdefinition abgedeckt? Wie weit ist ihr schadensbegriff definiert? Wie weit ist ihre Definition gefasst?	☐ Ausgabewirksamer Aufwand ☐ Entgangener Gewinn ☐ versicherte Schäden ☐ nicht versicherte Schäden ☐ externe Fraud Handlungen (Betrug) ☐ interne Fraud Handlungen (Betrug) ☐ Sonst ________

[1] Systematische Erfassung und ggfs. auch Abwicklung aller im Unternehmen entstandenen Schäden (egal ob diese versichert sind oder nicht).

[2] Schlagendgewordenes Risiko (bzw. Ereignis), aus dem ein quantifizierbarer Aufwand für das Unternehmen resultiert (meist Wiederbeschaffungswert und entgangener Gewinn).

4.3	**Organisation**	
	Gibt es einen hauptamtlichen zentralen Schadensfallmanager oder wird diese Funktion von einem (mehreren) Mitarbeiter(n) zusätzlich übernommen?	☐ zentraler Schadensfallmanager ☐ Mitarbeiter macht(en) zusätzlich SFM ☐ Sonst ____________________
	Gibt es ein aktuelles Schadensfallmanagement-Handbuch, in dem alle organisatorischen Regelungen und Maßnahmen ausführlich hinterlegt sind?	☐ ja ☐ nein
	Gibt es entsprechende Mitarbeiter-Schulungen?	☐ ja ☐ nein
	Sind Eskalationsmechanismen definiert, die bei Regelungslücken (z.B. unklaren Definitionen) greifen?	☐ ja ☐ nein
	Sind Eskalationsmechanismen definiert, die bei Meinungsverschiedenheiten zwischen den Organisationseinheiten greifen (z.B. Meinungsverschiedenheiten hinsichtlich der Einschätzung von abteilungsübergreifenden Risiken)?	☐ ja ☐ nein

4.4	**Tool: Schadensfalldatenbank**	
	Gibt es eine Schadensfalldatenbank, in der zentral alle Schäden die im Unternehmen auftreten erfasst werden?	☐ ja ☐ nein
	Erfolgt die Erfassung von Schadensfällen zentral in einer Abteilung oder dezentral in den einzelnen Abteilungen? Oder besteht eine Kombination aus beidem?	☐ zentral ☐ dezentral
	Besteht die Möglichkeit, die Schäden in Ihrer Schadensfalldatenbank, die rund um die Logistik entstanden sind, herauszufiltern.	☐ ja ☐ nein

4.5	**Kommunikation**	
	Wie erfolgt die Kommunikation der Schadenssituation an die Geschäftsführung?	☐ In regelmäßigen Abständen ☐ In unregelmäßigen Abständen ☐ in einem gesonderten Schadens-Bericht ☐ in einen anderen Bericht (z.B. Risiko-Bericht)

4.6	**Verknüpfung mit dem RMS**	
	Werden die Schadensfalldatenbank bzw. die Schadenssituation gegen die erfassten Risiken abgeglichen?	☐ ja (regelmäßig) ☐ ja (unregelmäßig) ☐ Nein

5 Fragen zum Versicherungsmanagement[1]

Nr.	Text	Antwort
5.1	Haben Sie ein **Versicherungsmanagementsystem** in ihrem Unternehmen implementiert?	☐ ja ☐ nein

5.2	**Organisation**	
	Gibt es einen hauptamtlichen zentralen Versicherungsmanager oder wird diese Funktion von einem (mehreren) Mitarbeiter(n) zusätzlich übernommen? Oder besteht ein Vertrag mit einem Versicherungsmakler bzw. mit einem firmenverbundenen Makler?	☐ zentraler Versicherungsmanager ☐ Mitarbeiter macht(en) zusätzlich VM ☐ Makler ☐ Sonst ____________________
	Gibt es ein aktuelles Versicherungsmanagement-Handbuch, in dem alle organisatorischen Regelungen und Maßnahmen ausführlich hinterlegt sind?	☐ ja ☐ nein
	Gibt es entsprechende Mitarbeiter-Schulungen?	☐ ja ☐ nein

[1] Betreuung des (gesamten) Versicherungsportfolios eines Unternehmens und ggfs. systematische Erfassung und Abwicklung aller im Unternehmen entstandenen Schäden, die versichert sind.

5.3	**Tool: Versicherungsdatenbank**	
	Gibt es eine Datenbank bzw. zentrale Übersicht, in der alle Versicherungen, die für das Unternehmen und die Mitarbeiter abgeschlossen wurden hinterlegt sind?	☐ ja ☐ nein
	Besteht die Möglichkeit, die Schäden rund um die Logistik, die über Ihre Versicherungen abgewickelt wurden, herauszufiltern.	☐ ja ☐ nein

5.4	**Kommunikation**	
	Wie erfolgt die Kommunikation der Versicherungssituation an die Geschäftsführung?	☐ In regelmäßigen Abständen ☐ In unregelmäßigen Abständen ☐ in einem gesonderten Versicherungs-Bericht ☐ in einem anderen Bericht (z.B. Risiko-Bericht)

5.5	**Verknüpfung mit dem RMS**	
	Wird die Versicherungssituation gegen die erfassten Risiken und die eingetretenen Schäden regelmäßig abgeglichen?	☐ ja (regelmäßig) ☐ ja (unregelmäßig) ☐ nein

6 Fragen zum Notfallmanagement[1]

Nr.	Text	Antwort
6.1	Haben Sie ein Notfall**managementsystem** in ihrem Unternehmen implementiert?	☐ ja ☐ nein

6.2	**Begriffe/Risikoarten**	
	Ist der Begriff „Notfall" im Unternehmen eindeutig definiert?	☐ ja ☐ nein
	Welche **Notfallbereiche** und/oder **Risikoarten** werden von ihrem **Notfallmanagement** erfasst (d.h. zu welchen haben Sie Notfallpläne)?	☐ Beschaffungsrisiken ☐ Produktionsrisiken, ☐ Distributionsrisiken, ☐ Entsorgungsrisiken, ☐ Elementarschäden (Feuer etc.) ☐ IT ☐ Logistik ☐ externe Fraud Handlungen (Betrug) ☐ interne Fraud Handlungen (Betrug) ☐ Sonstige ____________________

6.3	**Organisation**	
	Gibt es einen hauptamtlichen zentralen Notfallmanager oder wird diese Funktion von einem (mehreren) Mitarbeiter(n) zusätzlich übernommen?	☐ zentraler Notfallmanager ☐ Mitarbeiter macht(en) zusätzlich NM ☐ Gar Nicht ☐ Sonst ____________________
	Gibt es ein aktuelles Notfallmanagement-Handbuch, in dem alle organisatorischen Regelungen und Maßnahmen ausführlich hinterlegt sind?	☐ ja ☐ nein
	Gibt es entsprechende Mitarbeiter-Schulungen?	☐ ja ☐ nein
	Gibt es entsprechende Notfall-Simulations-Trainings?!	☐ gar nicht ☐ nur ein Test ☐ in regelmäßigen Abständen

[1] Spezielle Regelungen für die Auf- und Ablauforganisation, die präventiv im Unternehmen implementiert sind und die bei Notfällen greifen/aktiviert werden.

6.4	**Kommunikation**	
	Wie erfolgt die Kommunikation der Notfallvorsorgesituation an die Geschäftsführung?	☐ In regelmäßigen Abständen ☐ In unregelmäßigen Abständen ☐ in einem gesonderten Notfallvorsorge-Bericht ☐ in einem anderen Bericht (z.B. Risiko Bericht)

6.5	**Verknüpfung mit dem RMS**	
	Wird die Notfallvorsorgesituation gegen die erfassten Risiken und die eingetretenen Schäden regelmäßig abgeglichen?	☐ ja (regelmäßig) ☐ ja (unregelmäßig) ☐ nein